江宏恩的

狗狗营养餐与
私家养护秘技

江宏恩 著

U0214687

海峡出版发行集团
THE STRAITS PUBLISHING & DISTRIBUTING GROUP

福建科学技术出版社
FUJIAN SCIENCE & TECHNOLOGY PUBLISHING HOUSE

著作权合同登记号：图字 13-2018-032

本著作中文简体版通过成都天鸢文化传播有限公司代理，经华方整合行销有限公司授权福建科学技术出版社于中国大陆独家出版发行，非经书面同意，不得以任何形式，任意重制转载。本著作限于中国大陆地区发行。

图书在版编目 (CIP) 数据

江宏恩的狗狗营养餐与私家养护秘技 / 江宏恩著.
—福州：福建科学技术出版社，2018.8
ISBN 978-7-5335-5640-2

Ⅰ.①江… Ⅱ.①江… Ⅲ.①犬－饲料②犬－饲养管理 Ⅳ.① S829.25

中国版本图书馆 CIP 数据核字（2018）第 133318 号

书　　名	江宏恩的狗狗营养餐与私家养护秘技
著　　者	江宏恩
出版发行	福建科学技术出版社
社　　址	福州市东水路 76 号（邮编 350001）
网　　址	www.fjstp.com
经　　销	福建新华发行（集团）有限责任公司
印　　刷	福州德安彩色印刷有限公司
开　　本	787 毫米 ×1092 毫米　1 / 16
印　　张	11.5
图　　文	184 码
版　　次	2018 年 8 月第 1 版
印　　次	2018 年 8 月第 1 次印刷
书　　号	ISBN 978-7-5335-5640-2
定　　价	45.00 元

书中如有印装质量问题，可直接向本社调换

我们家有两位老宝贝，一个是 15 岁的蹦蹦，一个是 13 岁的冰冰，这几年来，只有它们一直陪伴在我的身边，对我来说，除了是我的宠物之外，也是我一辈子的"家人"。记得刚刚开始养它们的时候，遇到问题，或是遇到它们生病，都是自己着急、心慌，到处问有经验的朋友、专业的医生，或是上网找资料。因为不了解，所以它们一发生什么不适，我都以为很严重，而紧张地在医院落泪。现在所获得的一些相关资讯、知识，都是这一路来经验的累积啊！

　　除了社交、教育、健康外，它们吃的食物也很重要，特别是该如何选择适合的饲料便是一个大课题。大概是两年前，在医生的建议下，我开始尝试制作鲜食来喂食。如何制作狗狗的鲜食是一门我还在努力学习的学问，它并不是只要有肉就好了，营养均衡才是关键。这虽然比较辛苦，但为了它们的健康，累点也不算什么。

　　很多老一辈的人都会说，狗就随便养养就好了，但对我来说，才不是这样的呢！它们也是家里的成员，当然每个地方都要用心去对待的。毕竟它们不会表达，又超级会忍耐，一个不小心，发生了状况什么也不知道，怎么可以不好好注意。

　　想养狗狗的你，其实可以不用跟我一样走这条艰辛的路，这本书把很多重点都讲到了！除了基本的教育跟照顾方式，还有很多鲜食的食谱喔！从现在开始学起，一点都不晚啊！就让我们一起守护这些可爱的小天使吧！让它们每天都健健康康、快快乐乐的！

知名主持人　Gigi

从小到大，哥哥最大的变化就是从一个不进厨房、从来不做饭的大男人，变成开始自己下厨。而这十年来自从有了狗狗之后，他不但一有时间就下厨做菜，还开始为他的"家人"们设计菜单，生活中的每时每刻几乎都围绕在他的狗狗们旁，变身成为一位"全职奶爸"。

　　当我看到哥哥的狗狗菜单时，瞬间觉得他真的为了他可爱的毛小孩（一种对狗狗亲切的昵称）们花费了很多心思和爱。想必和正在看这本书的你们一样，为了它们下厨做菜、运动，搜寻所有有关它们的知识，而这本书正是让你再次走进厨房的最好理由。我想"为你心爱的人做一顿晚餐"，或许是一件增进你和你的狗狗感情的事！

　　书里会谈到每一个阶段的狗狗所需要注意的饮食、生活习惯，小至要刷几次牙，大到狗狗先天及后天的疾病与治疗，和如何从它的反应中解读狗狗们的喜怒哀乐。这些天真无邪的狗狗们正因为无法开口说话，所以更需要你的细心照顾。它们是我们的开心果，是我们最好的伴侣、朋友甚至是家人，虽然它们从来不曾抱怨，但爱它就应该给它最好的，更应该知道如何照顾这些在身边默默陪伴着我们的宝贝们。

　　最后，这是一本以爱为出发点的学习如何照顾狗狗的书，教道你如何与你的狗狗一起分享生活中的点滴，要记得"它是你生活中的一部分，你却是它生命的全部"！

法式料理名厨　**江振诚**

近年来，这些狗狗们真的是过得越来越幸福了。我们这些"爸爸妈妈"总是为担心它们吃得不够健康，或不够色香味俱全而伤透脑筋。即便身为兽医师的我，也常为了满足它们的口腹之欲，而常常在厨房里绞尽脑汁。这本书不仅仅挑选了常见且营养价值高的各式食材，还搭配上简单又不失美味的料理方式，成为了我对付这些口味越来越刁的毛小孩们的宝典。

　　此外，对于身处第一线临床工作的我来说，除了提供给狗狗完善的医疗照护外，也时常需要提供给饲主们正确的医疗资讯，甚至是居家照顾的协助。本书简单介绍了包括在幼犬饲养、老龄犬照护上，以及常见疾病应对上的基本且必需的观念，让不论是第一次饲养的新手家长，或是第一次面对毛小孩特殊状况的家长，都可以事先做好准备而不至于手忙脚乱。对此，我也深表感谢及欣慰。

　　最后，希望所有的狗狗都能够在这本书的"推波助澜"下，尽情地享受美食大餐；而家长们也能够在料理食物上或是居家照顾上更得心应手！

维康动物医院　**宋子扬**　医师

对于极度宠爱家里"汪星人"的我来说，不知道大家会不会遇到和我一样的情况，时常在自己吃东西时毛小孩就用水汪汪的眼睛痴痴地看着我们，在我吃完前，它们的视线始终不会离开我的筷子和嘴巴那来回不到30厘米的距离，感觉再不给它来一口，自己就吃得更加心虚……

但我们都知道人类吃的食物太咸，对于狗狗的肾脏绝对是个负担！于是我开始为我的贵宾狗豆豆下厨。从营养师的角度把认为新鲜天然、营养成分高的食材都用上了，但是当有一天看见豆豆在便便，却突然惊慌失措地夹着屁股奔跑起来，原来是它屁股上卡了一条"完整的金针菇"拉不出来时，我才意识到，其实狗狗跟人还是很不一样的，除了消化能力不同、营养热量需求不同，甚至有些食物狗狗都不能吃。

于是在当上营养师的那一年起，我就希望能在原本就具备的专业基础上，替自己的毛小孩也谋些美食福利，就这样便开始利用工作空档研究狗狗的饮食，其间还跑去和豆豆常去美容的宠物店，请他们给我内部的邀请函去进修宠物营养课，甚至后来跑去找了台湾首创宠物鲜食的"美乐狗千金爸"工厂里畅谈了许久呢！因此，也累积了许多对狗狗饮食的认识。

真的很开心能替这本书审阅食谱及为此书写序，为了"毛宝贝"用心所做的一切都是那么美好！期待大家都能通过这本书为自己的狗狗准备一场美食飨宴。

北京瑞京糖尿病医院　专科营养师　**高瑞敏**

宏恩哥在我们这些朋友眼中，一直是一位极戏剧化的夸张派"狗爸爸"。不要说自己家的狗狗难受、受伤了，只要听到与猫狗有关的事他就会忍不住大哭。

　　但狗狗带给我们的生命教育真的很神奇！现在的宏恩哥坚强多了，不但捡回了更多的狗狗，还参与动物保护活动为生命发声，更发挥自己的专长及与狗狗长年相处中所学习来的心得集结成册，分享给更多的"爸妈"们。我所认识的宏恩哥本身厨艺就很好，还有一位名厨弟弟呢！相信由他所设计的菜品一定更加美味营养！

　　我本身也是给自家的狗狗吃了很多年的鲜食。发现鲜食对它的毛色、健康真的很好，尤其是对于有病痛的狗狗，各项指标的控制也更好了！因为新鲜的食物有全面的营养，而饲料就像人类吃的再制品、罐头，吃多了身体怎么会健康？

　　我将这本书推荐给所有真的把狗狗当作自己的小孩、当作家人的"爸妈"们！让我们一起来给我们的"孩子"真正营养健康的美味饮食！

知名女演员　**陈珮骐**

宏恩是一个健康、热心、善良、聪明且惜情的人！他出这本书，我非常支持赞同，他对宠物的爱心与照顾，特有深厚的亲身体验！认识江宏恩的人就一定会认识 Jumbo（宏恩的最爱宠物——江宝威），而 Jumbo 的一生，则是在宏恩的生命里，从受到爱与尊重的开始，到幸福安详地结束，宏恩对它就像是对待家人一样。

看见宏恩对于猫狗的用心，我由衷地敬佩！还记得在拍《天下父母心》的时候，经常可见剧组剩余许多便当，有时剩很多，可分装成好几袋，虽然说拍戏的时候大家都非常疲惫，但只要晚餐后，就可以看见宏恩在收集剩余的便当。我当下非常惊讶好奇地问他："这是要做什么用的？"他笑笑地告诉我："等一下下班后，拿去喂流浪狗和流浪猫。"我看着他心里想："宏恩，你好棒！"看他一说到要去喂食流浪猫狗，那种精神奕奕、眼神晶亮的热情神态，我忍不住说出我的要求："我也可以参加吗？"他听完很高兴地对我说："欢迎加入！但可能要等我重新调整过才能拿去喂食，因为有些食物，猫狗是不适合食用的，把那一些拿掉，然后再去便利商店买些罐头食物，来补充、加强营养之后再去喂食。"我很惊讶地看着他！这好小子，巧思、细心又有爱心！光凭他自己那么地健朗又热心，我相信他一定是费尽心思去研究出安全又营养好吃的私藏美食！

朋友们！我们来支持江宏恩，他全力以赴地用爱来出书，来爱护提升环境品质，让动物与我们真情共存，让环境更健康、更和谐！宏恩加油！请大家大力支持！

资深男演员　**杨烈**

狗狗的鲜食料理，是我这几年非常推荐的宠物饮食。3 年多前，在我的爱犬熊熊最后晚年的时候，就是由我一直帮它准备自己烹煮的鲜食。我的熊熊是一只拉布拉多，在 14 岁时检查出肠胃患有肿瘤，当时吃什么就吐什么，医生判断它大约只剩两三周的寿命。

　　我当时很单纯的想法就是，能让熊熊多活一天就是一天。因为消化有问题，我就改以鲜食为正餐，但那时的鲜食资讯有限，所以食材内容变化不多。不过也因为改吃鲜食的关系，熊熊竟然不再呕吐，而且精神也慢慢地有起色，最后比起医生预估的时间，还多活了 9 个月。

　　这本书里面的鲜食餐有多种变化，还分了幼犬、成犬及老犬等各年纪不同的餐点，还有主人与狗宝贝的共享餐。上个月我刚从高雄燕巢收容所领养了一只狗狗，名叫熊三，目前 4 个月大，它的鲜食料理，我不用再烦恼，照着书做就好！

　　现在关于狗狗的照顾与训练的书籍越来越多，很多都是翻译国外专家的著作，这当然也是很棒的学习渠道，但毕竟我们的文化背景不太相同，所以很多环境状况也会有差异。江宏恩先生虽然是知名演员，但同时也是一位养狗多年的认真的主人，内容除了鲜食还有很多饲养狗狗的观念与态度，我相信他的书，一定能更贴近我们大家！

犬类行为专家　**熊爸**

自序

　　我的家很热闹，现在有 3 只狗狗（皮蓬、D 弟和乐妹）和 2 只猫猫（圣和多多），它们是我最甜蜜的负担，也更是我纾压的良药。随着《江宏恩的狗狗营养餐与私家养护秘技》的完成，我心中真的是有很多很多的感慨，人生中第一次成为作者，有开心的感觉，有纪念意义的感觉，这是对宠物的爱的表达，当然也有深深的想念、酸酸的感觉。

　　应该这么说，写这本鲜食食谱启动的力量，来自于我人生当中第一次自己从小养起的狗儿 Jumbo，它是只可爱又憨厚的黄金猎犬，陪伴了我将近 15 年，却在 2015 年的 5 月 1 号离开了我，它在这个世界上的旅行结束了。曾经听人说，自己的宠物离开后，因为心里太痛，可能就不会再养狗儿了，当时随着 Jumbo 年纪慢慢老了、行动缓慢了，我也曾经想过这个问题，它是我这么爱的狗儿，哪天真的离开了我，我会是什么感觉？

　　那一天真的来了，有种说不出的痛、难过，却又异常平静，也许是因为太突然而反应不过来吧。那时的我，脑筋一片空白，也不想召告所有朋友，因为一个个地接受慰问、去谢谢大家，又会一次次地碰触到心里的痛。当时就只想着自己安静地送它，再让自己好好地消化和沉淀。那阵子，公司安排的工作我照常进行着，强打起精神装作什么事也没有，收工回到家，慢慢去习惯"15 年来家中有 Jumbo，而现在已经不在了"的现实。

　　后来在一次和朋友在山上骑车运动的途中，遇到了现在我家中两名新的成

员——D弟和乐妹，两个小家伙在12月底的低温下，在山路边窝在一起取暖。发现它们的当下，说真的，我还不知道我能不能、行不行，还可不可以再提起像我对Jumbo那样的爱来照顾它们时，我就已经请朋友先下山开车来带D弟、乐妹去宠物医院检查和治疗。也因为这两个调皮又可爱的生力军加入我们家，原本一直是Jumbo的最佳拍档的皮蓬也不再孤单了。

我要谢谢Jumbo留给我的不是持续悲伤的怀念，它给我怀念它的方式，就是更正面地用过去对它的那种爱，再继续去疼爱所有我力所能及去爱的宠物们。即使到现在，我从没有一天忘记过Jumbo，因为它永远活在我的心中。也许我所继续疼爱的每个宠物都是"Jumbo"，而"Jumbo"已经成为了我心中疼爱的宠物的代名词了吧！

很开心跟大家分享这本书，也许有不尽完善的地方，也乐意和大家交流讨教。但想表达的爱，还有希望给所有可爱的狗狗们满满营养的心是绝对百分百的！当然，更希望能够起到让大家更疼爱宠物、爱护动物的作用！我们大家一起努力吧！

好朋友们，最后，容我再深深说句我的心里话：
"Jumbo，你是爸爸永远、永远最爱的唯一，你才是这本书最棒的作者。"

江宏恩

目录
Contents

第一章　序幕

我与 D 弟、乐妹的相遇

I ❤ My Dog

2015 年 12 月 20 日，我在山上骑车的时候远远看见两只小狗在马路中间，山上天气很冷，它们互相依偎着取暖。每次上山骑车我身上都会放一些狗罐头，遇到流浪狗时至少可以帮助他们饱餐一顿。跟我同行的朋友说等我们下山，如果它们还在的话就带它们去医院，但是我仔细一看这两只病恹恹的小狗躺在马路上，正好在一个弯道的上坡，是个视线的死角，车子在上坡时绝对会加足马力的，万一没注意到这两只小狗，很可能就会碾了过去。就这样，我心中涌出一个"带它们回家"的念头，于是我的家里便有了"乐

妹"跟"D 弟"。下山后带乐妹跟 D 弟先去给兽医检查，兽医说他们大约才出生 45 天，不确定是否断奶了，我回家后先将干粮加牛奶泡软给它们吃一阵子，等它们慢慢有精神了，再带去给兽医检查评估后，才开始转换吃鲜食当主餐。

男生叫"D 弟"，为什么是 D 呢？因为我是在 12 月捡到它们的，D 是取英文 December 的第一个字母；女生叫"乐妹"，因为我希望她永远快快乐乐的，现在的她果然很捣蛋，很快乐！两只小幼犬特别皮，它们还不到一岁，正值好动、好奇心旺盛的时期，如果一整天家里没人，两只简直是玩到疯掉。等我回家一打开门，整个家差不多可以说是"垃圾场"了！所有能够咬的东西全被拖出来咬一遍，不知情的人还以为我家遭小偷了！尽管如此，我还是很爱它们。

帮自己准备三餐比弄狗狗的三餐还简单，并不是说帮狗狗做料理的手续繁琐，而

是我们如果肚子饿了买个饭就能填饱一餐，可是狗狗的三餐可不是随便买个路边摊就能打发的，因为过多的调味会对狗狗的健康造成影响。一开始做鲜食料理的确有些繁琐，但是开始做之后，就会习惯这是生活的一部分，甚至还会做一些人跟狗狗可以一起享用的料理。因为我很爱下厨，当我逛菜市场的时候看到牛肉时，马上就会想到做一道"滑蛋牛肉"给它们吃，对我来说亲自做饭给它们吃，不单只是为了健康，这也是我们之间独有的生活情趣。

我会不断地去关注在不同成长阶段的狗狗所需要补充的营养，例如当我知道高丽菜富含钙质时，就在小狗的餐点中多增加高丽菜的分量，帮助在发育期狗狗的骨骼的成长；金针菇有利健壮肠胃，我就帮家里的老狗长毛腊肠多增加餐食中金针菇的比例。我觉得营养均衡很重要，所以会不停地变换食谱，虽然看起来好像花样很多，费时又费工，其实不然，所谓的"花样多"，并不是天天用十几项食材料理，而是很简单地每天换一种主食，今天吃鸡肉，明天就吃羊肉，希望它们能够摄取到各种营养。

之前有朋友建议喂狗狗吃羊油，因为这种油脂对狗狗的毛发有天然滋润的效果，我去超市看到涮羊肉的火锅中浮有油花，心想光吃羊油不如吃整片羊肉，后来查到羊肉是属于低过敏源的肉类，有助于皮肤毛发的健康，很适合给有皮肤病的狗狗吃。这两只小家伙刚来我家的时候有严重的皮肤病，尤其乐妹全身都是寄生虫，身上不断长出像头皮屑的东西，我当时很担心，带它去看医生，医生说治疗一个月之后应该就会痊愈，回家之后我也同时思考可以给乐妹吃点什么，毕

竟它们一出生就在外面流浪，现在又正是成长的阶段，不论是帮助排毒或是培养抵抗力，我希望用食补的方式帮它调理身体，因此我去找了一些对皮肤有益的蔬果，特地煮给乐妹吃，再观察它复原的状况。慢慢地乐妹的毛色变得光亮了许多，也越来越黑。现在乐妹不但完全康复，且毛色更是维持得柔顺光亮，所以我相信吃进去的好东西绝对与健康呈正相关关系。

说到亲自动手做宠物鲜食料理，从来没有下厨经验的朋友可能第一时间想到的是"好麻烦！""我都不会煮饭自己吃，怎么可能帮狗狗做料理呢？"，其实这一点都不麻烦，狗狗不能吃盐、油、酱油、糖、面粉等，所以炸跟炒的烹饪方式几乎可以省略，要将重点放在食材上，只要慎选食材，烹饪方式越简单越是能吃到天然的维生素。狗狗吃的食材与我们吃的几乎一样，当我们逛菜市场为自己或家人采购食材时，同样的食材只需要帮它们多采购一份，真的一点也不麻烦！上班族早上通常赶着上班而手忙脚乱，书中也有提供一些简易料理的食谱，只需要花5~10分钟即可完成。

当我打开宠物鲜食料理这扇门之后，我不断地找资料、吸收知识，看看有什么食材是我还没有试过，而这项食材又对它们有特别的帮助，例如对心脏、血管、骨骼等有许多益处，但凡我没用过的我都想试试看。很多食材是经过一点一滴地找资料、测试、观察和调整，从中获取心得，就像以前我不确定绿色蔬菜是不是可以给它们吃，原本青菜的选项只有高丽菜一种，后来我查到上海青

有丰富的维生素及铁质，于是很兴奋地先把上海青打成汁浇淋在其他食材里给它们一起吃，然后观察到它们的便便很正常，我就放心地将上海青纳入食谱中。

D弟刚来的时候，皮肤病虽然没有像乐妹这么严重，但是我一直感觉它的毛发很干燥，这是体质问题，就像我们人的头发很干燥并不是一种病，而是体质出了问题，于是又驱动了我找相关的食材，意外地发现南瓜可以帮助排毒，而白萝卜可以补充水分，实在是太开心了！小家伙在外面流浪了一阵子，母亲一定也是营养不良的流浪狗，所以乐妹跟D弟从母亲的奶水中获得的营养也不够，再加上在外流浪时随地乱吃，肚子里有寄生虫，种种因素导致D弟严重拉肚子，养分完全吸收不进去，我想说除了吃药之外，怎样可以帮助它更快地恢复健康，后来我发现我从来没想过的"姜"，竟然可以改善拉肚子的情况。

开始做宠物鲜食料理时，首先要知道的就是，什么东西是狗狗不能吃的。记得有一次我妈妈闹了个大笑话，那时候我家的黄金猎犬Jumbo 年纪很大了，我妈妈想给它吃洋葱来通血管。天啊！我赶快阻止她，因为狗狗千万不可以吃洋葱，同时我也解释给妈妈听为什么狗狗不能吃洋葱，从此之后妈妈想要帮Jumbo 进补的时候也会特别注意什么食物是狗狗不能吃的。

数百年前，狗狗的祖先都是"野食"，即大自然里有什么就吃什么，没有经过层层加工，也没有精算一日摄取多少热量、维生素、矿物质，所以我对鲜食料理的想法也很简单，就是让它们回到最初原生的饮食习惯，我相信它们的祖先一定吃得很健康，才能绵绵不绝地繁衍后代。对我而言，动手做料理是受自己的求知欲驱动，但最大的动力来源还是为了让宝贝们吃得营养，健健康康地长大。我非常享受亲手做料理给宝贝们吃的过程，从准备食谱、找食材、烹饪和喂食，每一个过程都有着我对它们满满的爱与呵护，也能从互动中让彼此的爱交流，当我发现宝贝们每天都很期待我做的料理时，当我看到它们越来越健康时，这样的成就感及满足感真是无法言喻！

动手做鲜食料理的开始

在我养的老狗黄金猎犬 Jumbo 过世前，我就开始给它吃鲜食料理，其实最初做鲜食料理给 Jumbo 吃的是我妈妈，之前我有两三年的时间出国拍戏，家里的狗狗都委托给妈妈照顾。拍完戏回家后，发现我妈弄了鸡肉、红萝卜、花椰菜等，把我们在吃的食物给狗狗吃（当然是无任何调味料），我才发觉原来狗狗也可以吃跟我们一样的食物！由于我特别在意宠物的健康，后来我的朋友给我一本日本的宠物鲜食料理食谱，我才慢慢在喂养的过程中，从现成狗粮、罐头慢慢过渡到鲜食料理，了解到原来很多狗狗需要的营养可以从天然的食物中获得。狗狗跟我们一样可以吃蔬菜，这点让我很惊讶，于是我的观念开始有了转变，如果让我们天天吃罐头，那么营养的摄取肯定是不全面的，我相信对宠物们的健康来说也是一样。如果我可以用这些很简单的食材做成料理，给它们最直接

的营养补给，让它们自然地摄取营养当然是最好的方式。

爱是所有的初衷，当我每天做饭给它们吃的时候，看到它们吃得很开心、健康，这就是我跟宠物最好的交流，也是爱的表现，对我来说这也是忙碌生活的一种充电方式。我们家的毛小孩是一天两餐，通常都是前一天把明天要吃的食材准备好，我认为保持食

物的新鲜度很重要，也希望它们吃到最新鲜的食物。假使我隔天要提早出门，前一晚就会先把鸡肉、马铃薯之类能蒸的食材先蒸熟，隔天要出门之前再回温一下即可；如果临时要出门而没有充足的时间备料，我就会做很简易的料理，例如"凉拌鸡肉水果"，只要把鸡肉蒸熟、水果切丁，其实都不会花太多的时间。

一开始喂狗狗吃鲜食时，我会在餐点中放入大量的肉去引诱它们，这当中我换过很多食材，如果发现狗狗不吃某种食物，我会把肉的比例调高，用肉的鲜味去盖过这些它们不喜欢的食物的味道。原因很简单，就像我们人类总是说不能挑食，我也希望家中的宠物都能营养均衡。还好我家3只狗、2只猫都不太挑食，还很捧场呢！几乎食物一端出来就会抢着吃光，自己碗里的吃不够还去抢别人的！

刚开始喂它们吃鲜食的时候，还抓不准食材的分量，也会担心狗狗的肠胃能否接受鲜食。我评估的方法就是每天观察它们便便的形状、软硬程度，假设这一餐的食材有被肠胃健康地吸收进去，就会产出黄色成形的漂亮便便，有一阵子可能青菜、水果的比重过多、水分也过多，导致有点软便，那么下一餐就酌量减少这些食材的分量。我就是用这种方式，随时去调整食材的品项及比例，让宝贝们吃得营养又健康就是我这个做爸爸的最高原则了！相信你们也能找到最适合宝贝们的鲜食料理喔！

第二章 和兄

新手毛爸毛妈教养守则

想到养狗狗，就不禁产生兴奋又紧张的情绪。如果这是你第一次养狗狗，请先评估一下自身状况，无论是环境、心态，还是经济能力等，再决定要不要养狗以及养什么体型的狗狗。因为在每个毛孩子的眼中你就是它的一辈子，一旦决定抱起它就不可以轻易放手喔！

和毛小孩的初次见面

狗狗会不会攻击小孩？有小孩的家庭适合养狗吗？

根据美国兽医医学会（American Veterinary Medical Association, AVMA）的统计资料显示，美国境内平均每年有 470 万人被狗咬伤，其中绝大多数是儿童；而平均每年有 80 万人因为被狗咬伤而就医。相信很多人小时候都有被狗咬的经验，包括我自己小时候也被邻居家的狗狗咬伤过。首先，我们要知道狗狗为什么会攻击小孩，在什么情况之下会攻击，以及如何预防攻击事件的发生。

其实，攻击行为是所有动物的本能，动机通常是受到威胁，感到恐惧，或是发觉到在家中的地位动摇。还只会爬行、刚学会走路的婴儿，或是走路摇摇晃晃的幼童，常常会让狗狗感到心情烦躁，何况是小孩的尖叫声连大人都受不了，某些生性较神经质的狗，更容易被尖叫声引发焦虑。而小孩子无法控制自己的手脚，突如其来的肢体动作也容易惊吓到小狗，在各种焦虑和急躁的情绪连连暴发后，小狗可能就会想要做点反击，好让这个小生物停止干扰它的生活。

预防攻击事件发生必须要双向教育，每只狗狗在幼年的时候都会经历"社会化"的黄金时期。所谓社会化就是学习与除了家人之外的人、狗，能够自在地相处，狗狗脑部发育大约 6 个月后即停止，而在这段期间教它的一切事物，它会牢记于心，一辈子都不会忘记，所以狗狗的个性也会在这段关键黄金期形成。这段黄金期多带狗狗出去走走逛逛，与其他人或动物接触，去感受这个世界，认识周遭环境的过程就是所谓的"社会化"

过程。

带幼犬出门散步一定要先评估幼犬的身体状况。如果小狗皮肤有感染或是有胃肠道症状，又或是刚打完预防针，免疫力也会下降，这些情况都不适合带它们去复杂的环境。而应以渐进式的方式让幼犬适应外面的环境，例如第一次先在自家巷子走 10 分钟，第二次将时间延长至 20 分钟到附近的公园坐着，慢慢地将外出时间拉长。训练狗狗社会化的方式无需过于保护，当环境的声音变大声的时候，狗狗虽然有点吓到但也不要立刻抱它，过于保护只会让狗狗更记住环境嘈杂产生出的不适，因此这时候家长可以轻抚它、陪它玩耍，让它逐渐适应环境音的存在。在引导狗狗社会化的时候可以让它多见见不同样子的人，包括男女老幼，以及你生活中可能接触到的人，例如快递员、送桶装水的人等，如果可以的话请这些人拿饲

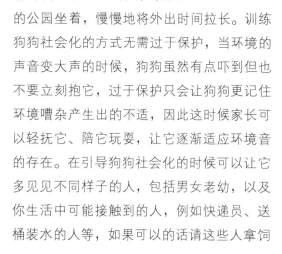

料或零食给狗狗吃，作为奖赏，让它知道这些不是坏人、对它没有威胁。

进行服从练习可以建立人类和狗狗彼此之间的信任感，让狗狗学会"坐下""趴下""等一等"和"过来"这些指令，教导狗狗学会听懂指令"坐下"来等待它想要的东西，例如家长的抚摸、赞美、零食、玩具或出门散步等。这种训练不只是让狗狗学习控制自己的情绪，让狗狗觉得等待是快乐且美好的，更是让它们懂得只要学会等待就可

以获得它想要的。除了等待之外，还要教它听到指令就要知道"回来"主人的身边，让你随时随地都能把它唤回，就可以避免它发生危险或意外，也可以避免小孩和狗狗之间的冲突。

狗狗是我们的家人，家人也有先来后到的顺序。如果在单身时已经养狗，结婚组成家庭后随之而来的是新生命的诞生，小孩在这个家庭中是后来者，所以后来者也需要学习尊重，与家庭原本的成员和平相处，这也是实行生命教育很好的机会。此时大人要扮演好教导的角色，首先绝对不能让孩子与小狗单独相处，无论你觉得你的狗狗平时表现得多乖巧听话，都不可以贸然地把小孩和狗狗单独放在家里，因为无法掌控及预料的事情太多了，防患未然永远是第一位！再来是教育小孩不可以靠近陌生的狗，不论何时何地都不能去摸别人的狗，想要摸小狗之前（不论是自家的小狗还是别人的小狗），都必须先征求狗狗主人的同意，一方面是教育小孩的基本礼貌，也是让孩子知道保护自己的重要性。

哪一种体型的狗狗比较适合我养？

如果你喜欢黄金猎犬、罗威那、古代牧羊犬、哈士奇等大型犬，考虑到大型犬需要的运动量及活动范围绝对比中小型犬来得多，因此住处最好大一点且有阳台，让大型犬能自由走动。

如果住家附近有公园更好，每天可以带它去公园跑步保持运动量。如果你住的地方偏小，甚至只有一个房间，建议适合饲养中小型犬，避免人挤狗、狗挤人的压迫感。

去宠物店买狗还是去动物收容所领养流浪犬？

我是绝对赞成"以领养代替购买"的理念，宠物店贩卖的狗狗虽然有血统保证书，但大部分的小型犬都是近亲交配而来，甚至难以辨别店家是否为合法的繁殖场，这样的狗狗虽然娇小可爱，伴随而来的是罹患先天性疾病的概率极高，像是吉娃娃、马尔济斯、贵宾、博美等小型犬容易患有先天性心脏病、皮肤病及呼吸道疾病等遗传性疾病。事实上，收容所中也有许多被主人弃养的品种狗，如果你真的很喜欢纯种狗的外型，建议先到收容所看看，给这些流浪的"孩子"提供拥有一个家的机会吧！

照顾还是婴儿的毛小孩

第一次养狗需要准备哪些东西？

餐具、食器

　　最好坚固，方便洗涤，不易打翻。市售的狗狗碗盘材质有塑料、陶瓷、不锈钢。塑料的较容易打翻；陶瓷用微波炉加热较安全，但容易打破；不锈钢最耐用，但价格相对较高。而饮水用具有乳头式的水嘴，狗狗舔一下就会有水流出，可以挂在犬笼或围栏上，也可以准备 2 个碗，1个装饭 1 个装水。

舒适的狗窝

　　给幼犬提供舒适的窝可以让它感到安心，也可以训练狗狗独立，让它拥有一个属于自己的空间。若想准备有屋顶的狗窝，要考量将来狗狗长大后的体积，狗窝的大小最好是成犬体积的 1.5~2 倍，站立时头顶离屋顶最好还有 1 个头大小的距离。狗屋不必安装门，让狗狗可以自由进出。狗窝最好放在角落，不要放在走道或出入口，以免人来人往，让狗狗焦躁不安。狗窝的位置一旦确定后，最好不要随意更换位置，因为狗狗是地域性的动物，频频搬家也会使其产生不安全的感觉。如果想帮狗狗淘汰旧窝换新窝，千万不要一下子就强迫狗狗住进新家，先把新窝放在旧窝边几天，让它适应至少 1 周后再做更换。

接下来要训练狗狗自己睡，就像训练小婴儿独自睡觉一样，从还是幼犬的时候就要开始进行。有些狗狗错过黄金训练时期，长大后即使有自己的窝还是乱睡，甚至与主人同睡一张床，但因为狗狗不会像人一样整晚静静地睡觉，有时会起来玩、上厕所、换位置，容易造成家长的睡眠品质不佳。如何训练狗狗睡在自己的"家"呢？请家长先要收起怜悯心，把狗狗带到狗窝门口，一边用手推它的屁屁进去，一边加重声调发出命令。如果它乖乖地进去，要给予它一些奖励；如果发现狗狗还是跑去睡在其他地方，要及时制止它，训练一段时间后狗狗就会明白那是它的窝，自然就会养成睡狗窝的习惯。

牵绳、胸背带、外出袋（笼、推车）

不给狗狗戴牵绳出门是一件很危险的事，很多意外是因此发生的，例如跟别的狗狗打架、被车撞伤、走丢。相信家长都经历过帮狗狗带牵绳的痛苦：狗儿不会乖乖地静止不动让你帮它带牵绳。对此，家长可以先从让狗狗习惯牵绳、胸背带是属于它的东西开始，把牵绳、胸背带放在它的窝里或是跟它的玩具摆放在一起，自然牵绳上就会留有它的味道，接着先让它在家里就穿上胸背带，不必等到要外出才穿，平时在家就穿上让它习惯穿胸背带的感觉，渐进式地将牵绳扣上，牵着它在家里走动，同时间可训练狗狗跟在你后面，而不是在你前面拉着你暴冲。

刚出生的幼犬饮食需要注意哪些事项？

幼犬是指离乳后到 12 个月大的小狗，通常 8~12 周大且已经断奶的狗狗，建议每日喂食 4 餐；3~6 个月大的狗狗每天吃 3 餐；而 6~12 个月大的狗狗每天 2 餐即可。幼犬的肠胃就跟小婴儿一样脆弱，吃东西容易呕吐和拉稀，肉食和

牛奶都是容易引起狗狗肠胃问题的东西。所以这时候别急着给狗狗吃鲜食，对它们而言最安全的饮食是狗粮加白开水，在购买"幼犬专用狗粮"后，加入温水泡软，再用小汤匙将狗粮捣碎，加入一些幼犬奶粉，搅拌成糊状以便给只长出乳牙的幼犬吃。幼犬的喂食原则是少量多餐，因为其肠胃的吸收及代谢能力尚未完全，一次给太多食物反而无法消化吸收。

何时该带狗狗去打预防针？

当小狗 3 周大后经兽医师评估，就可以开始做体内驱虫，成长到 6~8 周大后，须每个月施打 1 次疫苗，连续 3 次，分别为：6~8 周时注射幼犬专用疫苗、10~12 周注射多合一传染病疫苗、14~16 周再重复注射 1 次多合一传染病疫苗及狂犬病疫苗。之后每年 1 次追加多合一传染病疫苗及狂犬病疫苗即可。

小狗从出生就没洗过澡，我可以帮它洗澡吗？

刚出生的小狗还在培养抵抗力，这时候洗澡容易感冒，最好等到 15 天之后再洗澡。洗澡时特别注意避免呛到，且一洗完澡必须马上吹干。若是还没有打完预防针的狗狗带去宠物美容店洗澡，容易因为免疫力不足，或是在美容店与其他狗狗接触而得传染病，所以一般建议出生 2 个月以后，接种预防针后 2 个星期以上才开始洗澡较为安全。

毛小孩的日常生活

每个星期要帮狗儿洗澡几次呢？在沐浴乳的选择上有什么要求吗？

不常出门的狗狗，可以每个月洗1次；体味较重、皮肤较易出油、每天都会外出大小便、假日去草地上奔跑玩耍的狗狗，建议至少每个星期洗1次。有异位性皮炎的狗狗，容易过敏发痒，洗澡的频率可稍微高一些，来帮助除去皮肤上过敏原，沐浴乳使用与否建议依照兽医师或宠物美容师指示，其他时候用清水冲洗就好，以免皮肤越洗越干燥，产生皮屑。

人狗可以共用沐浴乳吗？答案是不行喔！原因是狗狗的皮肤构造跟人类不尽相同，千万不要因为节省或是懒惰就用人用沐浴乳帮狗狗洗澡，狗的皮肤是偏中至弱碱性的（pH7.0~7.5）， 女性的皮肤是酸性的（pH5.5），男性的皮肤则是弱酸性的（pH6.5），婴儿的皮肤是中性的（pH7.2），这也是为什么沐浴乳有分男女、婴儿专用，所以狗狗当然也有专用的沐浴乳。选购狗狗的沐浴乳时，除了市面上有狗狗专用的沐浴乳之外，还可以选择温和的人用肥皂或是婴儿沐浴乳，pH会较相近。

有些家长太过疼爱狗宝贝，觉得两三天就要帮狗狗洗澡才能保持卫生，其实这对皮肤健康的狗狗反而不好，洗澡的目的虽是将污垢带走，但是皮肤

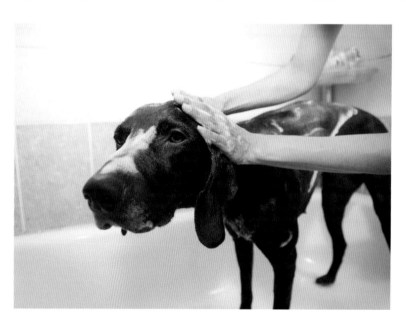

上的保护性油脂也会跟着被洗掉。若狗狗的皮肤上没有油脂，就容易皮肤干燥、发痒，甚至患上皮肤病，所以建议夏天时若皮肤健康，每1~2周洗1次，冬天则2~4周洗1次。若狗狗突然不小心把局部的毛发弄脏了，可以用不含酒精及香精的湿纸巾，用干洗澡的方式去除脏污，待擦净之后记得用吹风机冷风吹干。洗澡的水温最好接近体温，也就是在35~38℃。请注意狗狗刚吃饱就洗澡会让皮肤血管扩张，导致流向胃部的血液变少而引起消化不良；另外

生病期间也不适合全身洗澡，建议进行局部清洁即可。

有些狗狗非常讨厌洗澡，每次到了要洗澡的时候就像要了它的命一样，拼命挣扎想逃脱。我就给大家提供一些方法、技巧和需注意的地方。准备一盆水，先从狗狗的四肢、屁股和嘴巴开始小范围清洗，这些是身上最容易藏污纳垢的地方，先把这些重点洗完，接着再将沐浴乳涂抹全身，用水把狗狗全身冲洗干净，

需要注意的是不要将泡沫弄到眼睛里。洗完后用一块可以完全把狗狗包起来的大毛巾擦干，再用吹风机吹干，不然狗狗受凉感冒就不好了。其实，应该很少有狗狗第一次洗澡就爱上的吧？！开始几次洗澡可以拿它喜欢的狗粮、零食来引诱它们，待洗完澡后再给点奖励。

狗狗需要刷牙吗？多久刷一次？怎么刷？

狗狗跟人类一样也会有蛀牙、牙龈炎、牙周病等问题，尤其是吃鲜食的狗狗更要注意牙齿保健，因为食物残留在牙齿上会产生细菌、结石，长期累积下来就容易患上口腔疾病。而且狗狗会用舔你的嘴和脸的方式，来表示它的爱，这时候如果它们口臭难耐，爱变成臭味不得不拒绝，它伤心你也难过。其实，狗狗会有严重的口臭，就是因为有牙结石在作怪，当狗狗的牙结石严重时，不但有口臭，牙龈炎也会让它痛到吃不下饭！

当然是每餐饭后都能刷牙是最好的，但如果真的没有时间，至少也要每天刷1次，并帮狗狗准备好一些刷牙工具。牙刷是必备的，狗狗的牙齿比人类小颗，嘴巴也比较小，所以不能用成年人的牙刷给它们刷牙。市面上有一种指套牙刷，将手指套入牙刷可更方便深入狗狗的口腔中清洁；也有另一种狗狗的专用牙刷，或是可以用儿童软毛牙刷。其实无论使用哪一种牙刷都可以，主要是家长使用上要方便，狗狗又能接受便是最好的选择。

一开始就把牙刷塞进狗狗的嘴巴里，它一定会因为强烈的异物感而拒绝或用乱动的方式抗议，因此训练狗狗刷牙也要用循序渐进的方式，初期用纱布或棉布缠绕手指，用水沾湿后深入其脸颊内侧，轻轻地在牙齿与牙龈之间摩擦，先让狗狗适应口腔内有东西，等狗狗渐渐习惯且不会抗拒后再换成牙刷。帮狗狗刷牙建议刷两侧及前侧，不一定要打开内侧清洁，因为它们的牙齿结构决定了其内侧不易堆积食物残渣，加上它们舌头滚动也会帮助清除掉。另外，除了牙齿表面以外，牙齿和牙龈交界的部分也要刷到。

最后记得，千万不可以把人的牙膏给狗狗用，就算是儿童牙膏也不行，人的牙膏通常含有氟化物、木糖醇、起泡剂，这些化学物品有可能导致狗狗中毒，市面上有贩售狗狗专用牙膏，通常含有酶，具清洁的功能，但是牙膏无法完全取代刷牙的清洁效果，通过牙刷摩擦牙齿与牙龈才能有效清除牙菌斑。

除了洗澡刷牙，还有其他需要特别清洁的地方吗？

我国华南地区高温潮湿，狗狗的耳朵很容易有细菌滋生，特别是垂耳朵的狗种，就容易因为耳朵下垂盖住不透气，导致耳道成了细菌滋生的温床。当狗狗的耳朵发出臭味的时候就要当心耳朵里面可能有耳螨、耳疥虫或发炎了，所以除了洗澡、刷牙之外，还要定期帮狗狗清洁耳道。

清除在狗狗外耳廓上的耳垢很简单，只要把它耳朵旁的毛撩开，用手拽住耳廓，再用湿布轻轻地擦拭去除耳垢即可。在耳道里的脏东西叫耳屎，家长在家里自己帮狗狗清洁耳朵时，轻轻地将清耳液滴入耳道，盖住耳朵，然后按摩耳根部60~90秒，让清耳液慢慢滑入耳朵里，放手后狗狗因为感到耳朵里有异物不舒服，自然会甩头，这时候清耳液会带着污垢一起被甩出来，家长再用卫生纸擦干净就好了。

另一个需要时常清洁的部位是趾甲，狗狗的趾甲太长会让它们抓不牢地面，小狗好动，常跳上跳下，更需要稳固的抓地力。而现代人家中地板大多是瓷砖或木头材料，瓷砖容易打滑，一跳而下时如果不小心甚至会造成骨折，而木头则会被狗狗过长的趾甲抓出痕迹。另外，一直放任趾甲长长不剪，还会导致过长扎进脚蹼肉里，所以定期帮狗狗修剪趾甲是必须的。

进行剪趾甲之前，一样应先把趾甲剪放在狗狗的周围或窝里，让狗狗在趾甲剪上留下自己的味道，感觉是它的"玩具"。第一次不用4只脚全部剪完，每天剪1只脚，隔2~3天再剪1只，剪完后给点奖励，摸摸它的头安抚它一下，渐渐地让狗狗习惯"剪趾甲"是经常要从事的活动。剪趾甲时要注意它们趾甲下缘有一条暗红色的血线，剪趾甲时不要剪到血线，更不要超过，不小心剪到血线的话趾甲便会出血。万一真的不小心剪到流血，可以到兽医院买止血粉，撒止血粉前要让狗狗戴上头套，以防狗狗舔到止血粉。

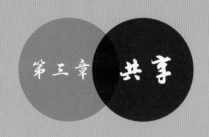

第三章 共享

毛小孩开动啰

食谱是依据我们家乐妹的分量去做规划的，而它现在8千克啰！请大家依照自己狗狗的体重，去斟酌每份餐点的量。此章节分为幼犬餐、成犬餐、老犬餐以及共享餐，因为每道料理都是用鲜食做成的，所以只要稍加调味，全部都能和自家亲爱的毛小孩一起享受最美好的用餐时光！

幼犬是指离乳后到12个月大的小狗。幼犬所需要的营养重点是：蛋白质、脂肪、碳水化合物、维生素、水分、钙质（尤其是大型犬）。我规划的这一套幼犬鲜食，不只应用富含钙质的高丽菜，提供它们需要的维生素，亦选用牛肉来为尚在发育的幼犬提供营养充沛的蛋白质，让可爱的毛孩子健康无忧地成长。

成犬则是指2岁以后，已经可以生产的年纪。成犬的营养除了注重均衡之外，也要注意是否容易消化和保持低脂肪，当然也要以预防各种可能疾病为主。

7~8岁的狗狗已经慢慢步入老年期。在准备老犬的餐点时，要特别注重是否容易消化，以及需要对预防疾病和活化心血管有所帮助。

毛小孩就是我的家人，与家人共餐是最幸福的事了，我喜欢将我爱吃的东西也复制一份给它们，比如我吃卤肉饭，它们也一起吃卤肉饭。我去外地拍戏一拍就是两个月以上，有时候真是想念家乡的料理，我会在脑袋里列出回到台湾我想立刻去吃的东西，所以这几道菜单也可以说是我的思乡菜，这个时候我也会多准备一份，与狗狗共享。

幼犬餐

番茄炒蛋
鸡肉餐

我在刚开始做鲜食料理的时候，鸡蛋只取了蛋黄的部分，后来才知道原来蛋白也有狗狗所需要的营养。整颗蛋都拥有丰富的动物性蛋白质，营养价值十分高，这也是为什么我后来改为使用全蛋做鲜食料理的原因。

材料

鸡肉 100 克
青椒 1/4 颗
番茄 1/4 颗
鸡蛋 1 颗

做法

1. 将鸡肉先蒸熟切碎；青椒、番茄洗净备用。
2. 青椒切小丁、番茄切大丁；鸡蛋打成蛋花备用。
3. 热锅后转成小火，放入青椒丁和番茄丁拌炒1分钟，再加入蛋花翻炒至熟。
4. 最后将番茄炒蛋放在鸡肉上即可。

毛小孩营养提示
★★★★★

番茄可提供茄红素，以及大量的维生素C；青椒则提供较全面、丰富的维生素及抗氧化物质。而鸡蛋跟鸡肉富含丰富的蛋白质，这些都有助于幼犬的生长。

南瓜白萝卜牛肉餐

乐妹刚来我家的时候皮肤非常不好，时常会有白皮屑，就像人类的头皮屑一样，可能是因为在外面流浪的时候感染真菌而引起，因此我开始寻找对狗狗皮肤有帮助的食材。后来发现白萝卜内有大量的膳食纤维，以及维生素C、维生素E、钙、锌等营养素，喂食一段时间后乐妹的症状也慢慢缓解、消失了。

材料

牛肉　　100 克

南瓜　　80 克

白萝卜　80 克

做法

1. 牛肉蒸熟后切丁（也可以剁成肉泥）；白萝卜蒸熟后切丝备用。

2. 将牛肉和白萝卜均匀地搅拌后备用。

3. 将南瓜蒸熟至软烂后，以汤匙压成泥糊状。

4. 最后将南瓜泥淋在搅拌好的牛肉以及萝卜丝上即可。

毛小孩营养提示

★ ★ ★ ★ ★

牛肉可提供幼犬所需脂肪、蛋白质，白萝卜则富含水分且对缓解便秘，皮肤、牙齿、骨骼的健康都有帮助。另外，南瓜有解毒的功能，可帮助患有皮肤病的狗狗排除体内的毒素。

鸡肉苹果
懒人餐

这道懒人餐是我连着好几天拍摄电视剧，实在没有太多时间准备料理时最方便、快捷的餐点。鸡肉能保证营养，而且放到锅里蒸一下就熟了，苹果可以直接吃，又省了一道工序，很适合每天早上赶着出门的上班族家长们。

材料

鸡肉　　100克
猪软骨　2个(小份)
苹果　　1/4颗

做法

1. 鸡肉蒸熟备用。
2. 猪软骨先汆烫1次，第二次加水到刚好没过软骨，并煮到沸腾。
3. 将猪软骨连同锅内的水一起放入锅中，因为不容易熟透，必须蒸2次才会软烂。
4. 最后将苹果、鸡肉、猪软骨切丁，搅拌均匀后即可。

毛小孩营养提示
★★★★★

鸡肉拥有丰富的蛋白质，猪软骨提供幼犬所需的钙质和胶质，苹果里则含有丰富纤维素。

羊肉菇菇鸡蛋餐

我刚好是在去年冬天的时候把 D 弟和乐妹接回家，它们来我家的时候身材还很瘦小，那时想着给它们冬令进补。羊肉的肉质细嫩，脂肪和胆固醇都少，但热量却高于牛肉，铁的含量又是猪肉的 6 倍，能帮助造血甚至达到进补和防寒的双重效果，所以不管是人还是狗狗，在寒冬吃羊肉还可促进血液循环，增强御寒能力。

材料

羊肉	100克
上海青	2~3片
金针菇	1/4包
鸡蛋	1颗

做法

1. 羊肉与带壳鸡蛋放入锅中蒸熟，蒸熟后切成碎肉末及鸡蛋末备用。
2. 上海青跟金针菇放入炒锅加水后，以小火慢煮至水收干（因为青菜煮太久营养会流失，所以不放入电锅蒸）。
3. 将金针菇切成碎泥状，与碎肉末及鸡蛋末搅拌在一起。
4. 最后将上海青加入搅拌好的羊肉里或是摆在盘缘即可。

毛小孩营养提示
★★★★★

羊肉和鸡蛋提供蛋白质和脂肪，上海青则提供幼犬维生素和铁质，金针菇拥有排毒的功能。

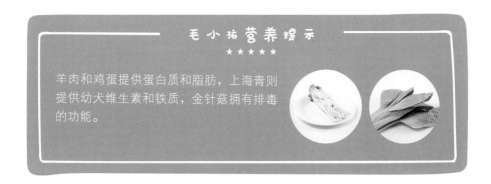

幼犬餐

姜汁 鸡肉餐

D弟跟乐妹刚来我家的时候身体不是很好，除了有皮肤病之外，还不停地拉肚子，后来发现姜可以改善腹泻的状况。但不知道狗狗能不能接受姜的味道，所以一开始我先打成姜汁倒在餐里，发现它们不排斥，能接受，等它们长大一点差不多到了换牙的时候，我就剁成小块直接喂食，它们也不抗拒，于是我就放心大胆地把姜这个食材加入菜单里了。

🦴 材料

鸡肉	100克
姜	20克
干香菇	4~5朵
红萝卜	60克

🍚 做法

1. 先将香菇泡水至软备用。
2. 将姜、鸡肉、香菇、红萝卜放入锅中蒸熟（这样可以减低姜的呛辣味，增加它的适口性）。
3. 将蒸熟的鸡肉和香菇切丁，红萝卜切丝备用。
4. 姜放入果汁机打成泥，淋在鸡肉、香菇和红萝卜丝上即可。

毛小孩营养提示

★★★★★

鸡肉含有蛋白质，姜可改善肝功能并防止幼犬腹泻，香菇拥有能帮助狗儿骨骼强壮的维生素C，红萝卜则有保护血管的功效。

幼犬餐

我之前并不知道高丽菜含有大量的钙质，也无法将高丽菜与钙质联想在一起，当我得知它有很丰富的钙质时，正好是我希望让还是幼犬的乐妹跟 D 弟能多摄取钙质，帮助它们的骨骼更强壮的时候。而在换牙时期的幼犬正喜欢磨牙，这时候我们可以将牛肉放在最后煮，熟了马上起锅，此时的牛肉带有嚼劲，正适合幼犬磨牙又可以吃到充沛的营养。

材料

牛肉	100克
甘薯	50克
高丽菜	50克
薏仁	30克

做法

1. 牛肉和甘薯切丁、高丽菜切宽条；薏仁前一晚先泡水，用锅蒸 2 次以确保软烂。
2. 将所有的食材放入炖锅内，水加至刚好没过食材；大火煮5分钟后转中火，炖煮到水收干，食材成泥状后即可。

毛小孩营养提示

★★★★★

牛肉含有丰富的蛋白质和脂肪；高丽菜可强化肠胃，并提供了钙质以及食物纤维素；甘薯拥有纤维素、淀粉和矿物质等；薏仁也富含有纤维素，具抑制癌症的功效。

红豆甘薯鸡肉饼

这道料理中的红豆也可以用锅蒸2次，拿出来后就会接近泥状，可省去用汤匙压成泥的工序。使用红豆作为食材也是因为刚带乐妹回家的时候，它的皮肤实在太差了，除了前面提到的白萝卜外，想给它换换口味，但希望一样可达到改善皮肤的目的，红豆刚好可以抑制皮肤发炎，也对肾脏及心脏非常有帮助。

材料

鸡肉　100克

红豆　30克

甘薯　50克

做法

1. 将鸡肉、红豆、甘薯放入锅中蒸熟。
2. 鸡肉切成碎肉，红豆用汤匙压成泥状，甘薯切丁备用。
3. 将甘薯丁拌入红豆泥中，用手压成饼状；再把切好的鸡肉像撒面包粉一样撒在红豆甘薯泥饼上即可。

毛小孩营养提示
★ ★ ★ ★ ★

鸡肉拥有丰富的蛋白质，红豆对幼犬的皮肤有所帮助，甘薯内含维生素、纤维素以及矿物质。

牛肉麦片南瓜汤

麦片非常有饱足感，可以替代米饭成为主食，且热量低。但因为麦片味道比较清淡，我也担心乐妹跟 D 弟不吃，一开始我用大量的肉混入麦片，让肉味的香气引诱它们将藏在里面的麦片吃掉。

材料

麦片	20克
南瓜	80克
牛肉	100克
上海青	2~3 片

做法

1. 前一晚将麦片泡软备用。
2. 将所有食材放入锅中蒸熟。
3. 取出南瓜后，加些许水搅拌成汤汁。
4. 将牛肉和上海青切成碎末，再加入麦片搅拌均匀，用手捏出3颗肉丸。
5. 最后将肉丸放至南瓜汤中即可。

毛小孩营养提示

★★★★★

牛肉富含钙、铁、维生素、氨基酸，麦片则有矿物质、食物纤维素等。南瓜中含有类胡萝卜素，能帮助抗氧化，并增强抵抗力；上海青的铁质、维生素对狗狗也很有助益。

江宏恩的狗狗营养餐与私家养护秘技

幼犬餐

56

鸡丝凉拌水果拼盘

这是一道很适合夏日的消暑餐，做法简单、营养十足。芭乐跟苹果富含大量水分及维生素C，可当作主食也可以作为下午茶点心。当我们夏日吃水果消暑的时候，也可以让狗狗跟我们一同享用水果拼盘喔！

🦴材料

鸡肉　100克
芭乐　1/4颗
苹果　1/4颗
鸡蛋　1颗

👝做法

1. 鸡肉蒸熟后放凉，用手撕成丝状备用。
2. 鸡蛋打散后，放入锅中干煎至熟，再切成蛋丝备用。
3. 将芭乐跟苹果切丁，铺在盘子上；最后把鸡丝和蛋丝铺上即可。

毛小孩营养提示
★★★★★

鸡肉含丰富的蛋白质，搭配上清爽的水果，可以当成夏日的必备鲜食料理。苹果里含有丰富纤维素和水分；芭乐切丁有助于狗狗咀嚼时清洁口腔，若对于消化不好的狗狗，可以将芭乐籽挖除后再切丁。

牛肉凉拌马铃薯丝

我本身非常喜欢吃凉拌土豆丝，有一次在东北拍戏，到当地餐厅用餐时，吃到非常好吃的凉拌土豆丝，回来之后很想跟家里两只宝贝分享，但是狗狗不能吃太油、太咸的食物，所以我就特制这道狗狗可以吃的凉拌土豆丝，希望它们也能与我共享好吃的料理。

材料

马铃薯　50克

青椒　　1/4颗

牛绞肉　100克

红萝卜　50克

做法

1. 将马铃薯切丝后，和青椒一起放入滚水中氽烫至熟备用。

2. 红萝卜切丝后，与牛绞肉一起放入锅中蒸熟。

3. 将所有食材放凉后搅拌均匀即可。

毛小孩营养提示
★★★★★

牛肉拥有丰富的营养，青椒、马铃薯含有维生素，红萝卜则能保护血管。

鸡肉马铃薯烙饼

这道食谱充满了我的儿时回忆，我的奶奶是印度尼西亚人，这道菜很像小时候奶奶经常做给我吃的可乐饼，她用猪肉末、马铃薯、洋葱搅拌成球状，再沾点蛋汁下去炸，十分美味。因为怀念这个味道，我试着用类似做法改良成狗狗可以吃又营养的料理。

🦴 材料

鸡肉	100克
马铃薯	1颗
红豆	30克
鸡蛋	1颗

⛺ 做法

1. 鸡肉跟马铃薯放入锅中蒸熟。
2. 将鸡肉切碎，与马铃薯搅拌均匀，再压成圆饼状。
3. 平底锅中刷上一层薄薄的橄榄油，放入做法2中的鸡肉马铃薯饼，以中小火干煎10~15分钟，直至两面金黄即可起锅。
4. 红豆放入锅中蒸熟，加水拌成泥状。趁此时煎荷包蛋。
5. 将红豆泥铺在盘子上，再依序放上鸡肉马铃薯烙饼、荷包蛋即可。

毛小孩营养提示
★ ★ ★ ★ ★

此道餐中的红豆富含狗狗体内易流失的水溶性B族维生素，但一样要记得蒸至软烂，狗狗才好消化喔！

成犬餐

南瓜酱
❉牛肉丸❉

幼犬需要的是全方位的营养，以帮助它们在发育时期能打下良好的健康基础，故我会用多种食材以确保它们获得大量且多样性的维生素。对于成犬，我会注重单一功效的营养补充，例如这道南瓜酱牛肉丸我运用了大量的南瓜，不但有在肉丸里加入南瓜丁，也将南瓜打成酱汁浇淋在肉丸上。因为南瓜有解毒的功效，对于有皮肤病的狗狗而言是很好的营养补充食材。

🦴材料

南瓜　　1/4 颗

牛肉　　100克

姜　　　20克

青椒　　1/4 片

🍚做法

1. 南瓜、牛肉、姜放入锅中蒸熟后，取一半分量的南瓜切丁，牛肉、姜切碎，再一起搅拌均匀捏成丸状备用。

2. 青椒切丁备用。

3. 取另一半南瓜加水，用汤匙搅拌成酱汁，淋在牛肉丸上，最后撒上青椒丁即可。

毛小孩营养提示
★★★★★

此道餐中的南瓜含有类胡萝卜素，具有抗氧化的功效，能够让患有皮肤病的狗狗增强抵抗力；姜则有促进血液循环的作用。

成犬餐

开羊
白菜

为什么要将此道菜中的羊肉分开料理呢？将食材切片能够维持成犬的牙齿健康，因为让成犬经常使用牙齿咀嚼、撕裂食物，有助于锻炼牙齿。到底大蒜能不能给狗狗吃呢？基本上应少量给予且不宜长期食用，大蒜确实是天然的除蚤虫剂，但在目前临床兽医学中仍具争议性，尤其是对一些较敏感的品种犬、小型犬而言。因此，若家中狗儿对此食材不适应，请斟酌拿掉。

材料

番茄	1/4颗
蒜	2~3瓣
羊肉块	50克
羊肉片	50克
大白菜	50克

做法

1. 番茄切丁备用。
2. 蒜、羊肉块及羊肉片放入锅中蒸熟后，将羊肉块切碎，降温备用。
3. 大白菜及番茄丁以大火炖煮15分钟后，转中火倒入碎羊肉，最后再加入羊肉片继续煮约30秒即可。

毛小孩营养提示
★★★★★

此道餐点能增强狗狗的免疫力、增加精力并缓解疲劳，还可杀菌驱虫。大蒜对于狗狗来说是较具争议性的食材，营养师建议可以切末后少量生食，其中营养素会保留较完整，但不宜长期过量食用，容易刺激肠胃，所以有顾忌的话可以不添加。

凉拌牛蒡高丽菜

我去吃水饺时都会点一碟小菜"凉拌高丽菜"，某次在东北拍戏吃到非常好吃的凉拌高丽菜，而激发了我的料理欲，想要做一道类似口感的菜给家里两只宝贝吃。后来发现日本料理也时常吃到凉拌的牛蒡，于是突发奇想将这两种适合凉拌的食材加在一起，意外发现两种食材的营养价值都很高，料理方式也简单，推荐给平时忙碌又希望给狗宝贝吃得营养的家长们。

材料

高丽菜　50克
牛蒡　　1/4 条
牛肉　　100克
鸡蛋　　1颗
干香菇　5朵

做法

1. 高丽菜、牛蒡、牛肉、鸡蛋、香菇放入锅中蒸熟后，将高丽菜、牛肉、鸡蛋、香菇切碎，牛蒡切丝，待降温后搅拌均匀。
2. 将蒸牛肉留下的肉汁淋在搅拌好的食材上即可。

毛小孩营养提示
★ ★ ★ ★ ★

牛肉及牛蒡皆含有铁质、钙质，能够帮助造血及强化肠胃，高丽菜也提供钙质。而植物性的食材应切碎，才有利于狗狗消化，不需要为了美观而保留原貌，因为狗狗吃东西是靠着气味来增加食欲的！

红烧
鸡丁

我们知道人吃红萝卜有助保护视力，对狗狗也是。不仅如此，红萝卜本身低热量、低脂肪，又富含纤维素、维他命A、矿物质及抗氧化剂，是一种非常健康的食物，更是天然的"洁牙棒"，生吃红萝卜能借由摩擦，去除牙齿上的污垢跟结石。

🦴 材料

南瓜	1/4个
红萝卜	1/2条
鸡肉	100克
青椒	少量

🍚 做法

1. 南瓜、红萝卜、鸡肉蒸熟，切丁备用。
2. 取一半红萝卜加水，放入果汁机打成浆，最后将上海青汆烫熟后放入盘中即可。

毛小孩营养提示
★★★★★

红萝卜中富含的胡萝卜素可以转化为维生素A，有助于维持皮肤跟毛发的健康。但维生素A属于脂溶性的维生素，适量即可，避免一次大量食用或长期过量食用。

成长餐

黑芝麻牛肉 🐾欧姆蛋🐾

欧姆蛋（又称"西式煎蛋卷"）的蛋饼要煎得漂亮、不会焦掉，关键在于火候！将平底锅预热调至中火，蛋汁下锅后需不停摆动锅子让蛋汁铺满锅面，当蛋饼已有一半成形即可转小火，用这样的方式控制火候，就不会煎出焦掉的蛋饼。

🦴材料

马铃薯	1/2颗
牛肉	100克
番茄	1/4颗
鸡蛋	1颗
黑芝麻粉	20克
奶酪	少许

做法

1. 马铃薯、牛肉放入锅中蒸熟，将马铃薯切丁、牛肉切碎备用。
2. 番茄切丁备用。
3. 蛋打散后倒入平底锅，以小火干煎成蛋饼至七分熟，将马铃薯、牛肉、番茄、黑芝麻粉一起搅拌后铺在蛋饼的一半处，再摆上奶酪，将另一半的蛋饼掀盖上后即可起锅。

毛小孩营养提示
★★★★★

此道餐香味俱全能刺激狗狗食欲，还能促进狗狗维持毛发亮丽。

粉蒸 🐾香菇鸡🐾

这道料理非常推荐给忙碌的上班族，做法快速又便利，把所有食材切丁再一起放入锅中蒸熟就可以吃了。家长们可以将所有食材在前一晚先切好，第二天起床放入锅中蒸时，就可以先去洗脸刷牙、收拾，约 15 分钟后就可以拿出给狗狗吃了，并不会让你因为准备狗狗的早餐而迟到喔！

🦴材料

香菇	6~8朵
鸡肉	100克
甘薯	1/4 颗
白萝卜	1/4颗
蒜	2~3瓣

做法

1. 将香菇、鸡肉、甘薯、白萝卜切丁，蒜切碎备用。
2. 全部放入锅中蒸熟即可完成。

毛小孩营养提示
★ ★ ★ ★ ★

白萝卜内含有特殊的植物活性物质、大量的纤维素，以及维生素 E、维生素 E、钙、锌等营养素能维持皮肤健康，但记得一定要煮至熟透！记得蒜头的用量必须斟酌家中宝贝的状况，也不可以长期过量食用，若有疑虑，可以不添加。

狗狗牛肉 满福堡

有一次我带两只宝贝出去散步的时候，一旁的路人正在吃汉堡，两只宝贝停下来目不转睛地盯着汉堡看，可能是牛肉的味道太香，让它们口水都要流下来了！我心想人类都这么爱吃汉堡，何不让狗狗也尝尝汉堡的美味呢？

材料

牛绞肉　100克

鸡蛋　　1颗

甘薯　　1颗

红萝卜　1/2条

做法

1. 牛绞肉与蛋汁搅拌均匀后，压成3片饼状；下锅干煎至两面煎熟。

2. 甘薯与红萝卜放入锅中蒸熟后，分别压成泥状备用。

3. 第一片肉饼上铺1层甘薯泥，再放上第二片肉饼，接着铺上红萝卜泥，再盖上第三片肉饼，即完成！

毛小孩营养提示
★★★★★

甘薯富含纤维素、维生素、淀粉，亦能提供给狗狗充足的能量。

成犬餐

草莓苹果鸡肉塔

若一直给狗狗吃热食，担心它们会腻，便想做一些甜点给它们吃，于是就想起东南亚特色甜点"摩摩喳喳"。草莓跟猕猴桃富含维生素 C 及抗氧化剂，我特地将果肉保留下来，让它们不但可以吃到果肉的纤维又可以喝到果汁。这是在炎炎夏日，非常适合帮助狗狗消暑并补充水分的一道夏季飨宴。

材料

苹果	1/2颗
草莓	4颗
猕猴桃	1颗
鸡肉	100克

做法

1. 苹果、草莓和猕猴桃切丁备用。
2. 鸡肉蒸熟切碎备用。
3. 取些许草莓、猕猴桃用果汁机打成泥，分别倒入盘子中，再放上碎鸡肉，最后洒上苹果、草莓、猕猴桃丁即可。

毛小孩营养提示
★ ★ ★ ★ ★

猕猴桃中含有蛋白水解酶，能帮助消化。

成犬餐

麦香鸡营养早餐

蔓越莓不管是对人还是动物的泌尿系统都非常好，可以预防尿道发炎及肾结石；蓝莓富含抗氧化物质、纤维素和维生素。麦片不但低脂也具有丰富的可溶性纤维，可以让有便秘问题的狗狗排便顺畅。

材料

蔓越莓	少许
蓝莓	少许
香蕉	2根
鸡肉	150克
麦片	30~40克
牛奶	1小瓶

做法

1. 将蔓越莓、蓝莓清洗备用。
2. 将香蕉切片后，干煎至焦黄。
3. 将鸡肉切碎蒸熟备用。
4. 将麦片用热水泡软备用。
5. 将香蕉片、碎鸡肉、麦片、蔓越莓和蓝莓加入牛奶中即可。

毛小孩营养提示
★★★★★

蔓越莓及蓝莓具有特殊的抗氧化物质，能增强免疫力，香蕉能帮助肠胃蠕动，麦片具有丰富的可溶性纤维，不仅热量低还能帮助消化，容易有饱足感。但营养师要提醒狗爸狗妈们，因为有些狗狗体内跟人一样会缺乏乳糖酶，饮用牛奶易有腹泻胀气的问题，虽然另一些狗狗不见得会有这样的肠胃问题，但也不建议长期给狗狗喝过量的牛奶，因为除了乳糖问题之外，牛奶的蛋白质也不利于狗狗消化。

蒜末牛肉定食

纳豆虽含有特殊的纳豆酶及其他营养物质，但也含有豆类皂素，有些狗狗可能吃完会出现肠胃不适或腹泻的情况，因此需注意自己的狗狗合不合适。大蒜则可以增强免疫力、增加精力并延缓疲劳，是一个很棒的食材，但也不宜多食哦！

材料

牛肉　　100克
蒜　　　2～3瓣
油菜　　少许
麦片　　30～40克
纳豆　　1小盒

做法

1. 牛肉跟大蒜放入锅中蒸熟，牛肉切碎，与蒜泥一起搅拌均匀。
2. 将油菜蒸熟后切段备用。
3. 麦片用热水泡软，将麦片与纳豆分别装入小碗。
4. 将完成做法1后的材料放入碗中，撒上油菜并搭配做法3完成后的材料即可。

毛小孩营养提示
★ ★ ★ ★ ★

大蒜能增强免疫力、增加精力并延缓疲劳，亦有杀菌、除蚤、驱虫的功效，建议在狗狗除蚤、除虱旺季，可以给狗狗间歇性少量食用，但记得蒜头的用量必须斟酌家中宝贝的状况，也不可以长期过量食用，若有疑虑，可以不添加。

红豆薏仁鸡肉餐

老犬的器官不如壮年时期健壮，在准备食材方面我会以方便消化、容易吸收营养为原则。红豆是非常便宜且容易取得的食材，它的营养价值极高，将红豆煮到软烂，能让牙齿功能退化无法咬硬物的老犬方便进食，亦有利于狗狗肠胃消化。

材料

红豆	50克
薏仁	30克
鸡肉	150克
橄榄油	少许

做法

1. 烧一锅滚水煮沸红豆后，再以中火炖煮至泥状关火备用。
2. 将薏仁用锅煮至软烂备用。
3. 将鸡肉用锅蒸熟备用。
4. 在鸡肉与薏仁中滴入少许橄榄油并搅拌均匀。
5. 将红豆泥放置在盘中央，周围铺上做法4完成后的材料即可。

毛小孩营养提示
★★★★★

红豆、薏仁属于粗粮，要煮至软烂才有利于狗狗肠胃消化。建议买特级初榨橄榄油比较适合给狗狗吃，因为特级初榨橄榄油是直接从橄榄果中榨取的，它属于较顶级的油品并不适合烹调，建议将食物煮熟后，再拌上特级初榨橄榄油即可。

红萝卜 大麦餐

偶尔准备拥有饱足感的大麦餐，让狗狗充满元气！食材中的金针菇最不好消化，在做这道料理的时候金针菇一定要记得切碎，并切越碎越好，以体恤老犬已渐渐老化的消化系统。

材料

麦片	30~40克
红萝卜	1/3条
金针菇	1/4包
鸡肉	100克
西兰花	30克

做法

1. 麦片用热水泡熟，静置约1小时后，搅拌成泥状备用。
2. 将红萝卜、金针菇、鸡肉和西兰花放入锅中蒸熟；再将红萝卜切丝，金针菇切碎，鸡肉撕成肉丝备用。
3. 将做法2中完成后的材料搅拌均匀后，放在大麦泥上，再放上西兰花即可完成。

毛小孩营养提示
★ ★ ★ ★ ★

红萝卜中的胡萝卜素可维持眼睛、皮肤的健康。

老火餐

墨西哥番茄牛肉豆子汤

每当我到外地工作，吃到当地好吃的料理，我都会心生一个念头，想让家里的宝贝们也能尝到这些美味。既然不能带着它们环游世界，我就自己试着烹饪各国美食给它们吃。这道番茄牛肉豆子汤是墨西哥的国民料理，我通常会煮一大锅，取其中一半无添加任何酱料给狗狗吃，另一半加点辣椒粉、蒜、洋葱，最后撒上奶酪给我自己吃！

🦴 材料

牛肉　150克
姜　　少许
番茄　1颗
大豆　30克

做法

1. 将牛肉、姜和番茄放入锅中蒸熟。
2. 将牛肉切碎，姜放入果汁机打成泥；牛肉和姜泥搅拌均匀备用。
3. 将番茄放入果汁机中打成番茄泥汤。
4. 将牛肉姜泥和大豆加入番茄泥汤中即可完成。

毛小孩营养提示
★★★★★

番茄具有丰富的茄红素，加热更有利于茄红素释出。大豆里头的蛋白质则能提高肾脏功能。另外，姜可促进血液循环。

凉拌牛蒡
牛肉餐

凉拌牛蒡是我很爱的一道日本料理。我们都知道牛蒡是长寿食材，牛蒡中含有各种矿物质，如钙、镁、锌都具有抗氧化的作用，可帮助降血脂、降血糖，还可降低心血管疾病的风险，再加上白芝麻有助消化，可说是一道养生料理。但请注意白芝麻给狗狗吃之前必须磨成粉，颗粒状的白芝麻会让狗狗的肠胃不好消化。

材料

牛绞肉	150克
牛蒡	1/3段
西兰花	适量
橄榄油	少许
白芝麻粉	少许

做法

1. 将牛绞肉、牛蒡和西兰花放入电锅蒸熟备用。
2. 牛蒡切丝，西兰花切碎备用。
3. 将牛绞肉、牛蒡和西兰花搅拌，再淋上橄榄油、撒上白芝麻粉拌匀即可完成。

毛小孩营养提示
★ ★ ★ ★ ★

红豆、薏仁属于粗粮，要煮至软烂才有利于狗狗肠胃消化。牛蒡、西兰花中含有丰富的纤维素、维生素及矿物质；橄榄油则有利于维持皮肤和毛发的健康。

鸡肉薏仁 南瓜粥

在狗狗需要大量营养又必须兼顾消化的老年期，可以时常为它们准备流质类食物，让狗狗好消化且能吸收营养。薏仁不容易软烂，建议最好用锅蒸两次，以免不易消化，增加老犬肠胃的负担。

材料

鸡肉	150克
西兰花	适量
南瓜	1/2颗
薏仁	30克

做法

1. 将鸡肉、西兰花放入锅中蒸熟；将鸡肉撕成肉丝，西兰花切碎备用。
2. 将南瓜和薏仁放入锅中蒸熟；南瓜取出后加水放入果汁机打成泥，薏仁续蒸一次直到软烂。
3. 将南瓜泥水煮至收汁变稠状，加入鸡肉、西兰花和薏仁即可。

毛小孩营养提示
★★★★★

南瓜在中医食疗中有消炎解毒的功能，可帮助患有皮肤病的狗狗排除体内的毒素。

老女餐

水果
南瓜盅

偶尔也让狗狗在视觉上受到不同的变化吧！当狗狗把南瓜盅里的水果、鸡肉吃完后，刨掉南瓜盅的外皮，里面的南瓜肉可以二度料理给狗狗吃喔！

🦴 材料

鸡肉	150克
南瓜	2颗
香蕉	1根
芭乐	1/2颗
橄榄油	少许

做法

1. 将鸡肉放入锅中蒸熟后，切条备用。
2. 取1个南瓜洗净后在1/3处剖开，清空南瓜籽备用。
3. 另1颗南瓜只取南瓜肉，放入锅中蒸熟切丁备用。
4. 将芭乐切丁，和鸡肉、香蕉、南瓜一起放入挖好的南瓜盅里，滴入少许橄榄油即可。

毛小孩营养提示
★★★★★

香蕉所含的可溶性膳食纤维对肠道十分有益，芭乐切丁有助于狗狗咀嚼时清洁口腔，但对于消化不好的狗狗可以将芭乐籽挖除，再行切丁。

老火餐

鸡肉糙米稀饭

糙米不容易煮熟，建议用锅多蒸两次。除非老犬是掉光牙齿的，否则建议偶尔还是要让老犬的牙齿活动，故我将糙米煮软而不是熬成粥，是想借由糙米本身的硬度，再将它稍微软化，这样可以让狗狗吃到软硬适中、粒粒分明的颗粒，正好可以锻炼老犬的牙齿也不至于难以消化。

材料

糙米　50克
鸡肉　150克
甘薯　1颗
青椒　1/2颗

做法

1. 将糙米用锅蒸至软烂备用。
2. 将鸡肉用锅蒸熟后切成肉末备用。
3. 将甘薯切成丁块；青椒汆烫后切丁备用。
4. 将甘薯与糙米放入锅中，加入没过食材再多约1个手指节深的水，以大火煮15分钟；最后加入鸡肉和青椒丁即可。

毛小孩营养提示
★★★★★

糙米以及甘薯都是属于纤维素含量高的粗粮，故营养价值相当高。但记得要将糙米及青椒都要煮至熟透才不会造成狗狗不易消化或呕吐的情况。

这道食谱是为我养了十几年的黄金猎犬 Jumbo 特别制作的，但它在 2015 年 5 月过世了。在它老年的时候我开始接触宠物鲜食料理，当时我想帮年纪大的 Jumbo 多补充老犬需要的营养，我认为这道料理营养价值高，也适合给生病中的狗狗食用。

🦴 材料

高丽菜	1/4 颗
上海青	适量
红萝卜	1/3 条
牛绞肉	150 克
糙米	50 克
纳豆	1 盒

做法

1. 将高丽菜和上海青汆烫后备用。
2. 将红萝卜、牛绞肉和糙米放入锅中蒸熟；红萝卜切碎备用。
3. 将牛绞肉、糙米和红萝卜搅拌均匀，铺放在高丽菜叶上，最后放入纳豆和上海青即可。

毛小孩营养提示
★★★★★

纳豆中虽含有特殊的纳豆酶及其他营养物质，但也含有豆类皂素，有些狗狗食用后可能会有肠胃不适或腹泻的情况，故需注意自己的狗狗合不合适。

马铃薯牛肉可乐饼

日本小学生中午的便当中时常有马铃薯牛肉可乐饼，可见这道料理能提供的饱足感及营养，足以让小学生有充沛的体力度过一个下午。想让狗狗吃饱且精力旺盛，这道料理绝对是最佳的选择。

材料

红豆	30~40克
马铃薯	1颗
牛绞肉	150克
鸡蛋	2颗

做法

1. 将红豆放入锅中蒸熟后，搅拌成泥备用。
2. 将马铃薯和牛绞肉放入锅中蒸熟并搅拌均匀后用手压成饼状。
3. 将可乐饼沾蛋汁后，下锅干煎至两面呈金黄色；最后铺上红豆泥、配上1颗荷包蛋即可。

毛小孩营养提示
★ ★ ★ ★ ★

马铃薯和红豆均属于粗粮，富含纤维素，有助于肠道蠕动，但要记得将其煮至熟烂，且一次量不要太大。

青椒薏仁 健康定食

偶尔想给狗狗吃得清淡一点却又不想失去营养该怎么做？这道料理中的青椒及薏仁虽然口味清淡，但可别小看这两种健康食材，青椒有清血管的功效，薏仁有抗癌的功效，这都是针对老犬容易罹患的疾病所提供的相应的营养，但给老犬吃的时候请记得煮软烂一点喔！

材料

青椒	1/4颗
红萝卜	1/4条
薏仁	30克
鸡肉	150克
鸡蛋	1颗

做法

1. 将青椒和红萝卜汆烫后切丝备用。
2. 将薏仁放入锅中蒸2次至软烂备用。
3. 将鸡肉用锅蒸熟，切成鸡肉末与薏仁搅拌均匀。
4. 将鸡蛋打散后入锅煎成蛋饼，起锅后切成细丝。
5. 将以上所有材料混合搅拌均匀即可。

毛小孩营养提示
★★★★★

青椒有综合的维生素及抗氧化物质，但必须煮熟食用，以避免过于刺激而造成狗狗呕吐的情况。

共享餐

卤肉饭

卤肉饭是台湾最经典的小吃，香喷喷的卤肉，肯定能让毛孩子们食欲大开，但切记太咸、太油腻可不行！用牛绞肉加上香菇末的颜色，就很像卤肉饭上的卤汁，同时用薏仁跟糙米取代白饭，小黄瓜片就用甘薯片来代替。

材料

薏仁	30克
糙米	30克
干香菇	4朵
牛绞肉	100克
甘薯	1/4个

做法

1. 薏仁和糙米混合后用锅蒸熟备用。
2. 将香菇泡水；牛绞肉、香菇、甘薯用锅蒸熟；香菇切碎、甘薯切片备用。
3. 将牛绞肉与香菇搅拌均匀，放在薏仁糙米混合饭上面，最后摆上甘薯片即可完成。

毛小孩营养提示
★★★★★

牛绞肉搭配香菇香气十足，能够刺激狗狗的食欲，但切记香菇要切碎，才利于狗狗消化！

共享餐

清炖 羊肉炉

有一次我去吃羊肉炉的时候，与店家老板聊天时意外得知，羊肉对狗狗的毛色及皮肤都很好，而羊肉炉的汤汁更集合了所有食材的精华，所以非常建议喂食狗狗时，将羊肉炉的汤汁一并给狗狗尝尝。

材料

羊肉	150克
高丽菜	1/4颗
香菇	6~8朵
姜	少许

做法

1. 将羊肉切片，高丽菜切适量的大小，姜切末备用。
2. 香菇泡水5~10分钟，切除香菇蒂后备用。
3. 将全部食材放入锅中，加水至可没过食材的高度，大火煮15~20分钟即可完成。

毛小孩营养提示
★★★★★

给狗狗吃的羊肉炉，记得别放盐巴等调味料，用最简单、最原始的汤汁给狗狗浅尝即可，冬季天冷在进补时，我们可以让狗狗也一起暖暖身、暖暖胃！

番茄牛肉奶酪蛋包饭

这里用青椒取代蛋包饭上面的葱花，因为狗狗不能吃葱喔！"葱"会让狗狗出现溶血症，引发严重的贫血问题。

🦴 材料

番茄	1 颗
青椒	适量
马铃薯	1/2 颗
牛绞肉	100 克
鸡蛋	1 颗
奶酪	少许

做法

1. 将番茄、青椒、马铃薯、牛绞肉放入锅中蒸熟，番茄用果汁机打成泥，青椒切丁，马铃薯去皮后压泥备用。
2. 将马铃薯泥与牛绞肉搅拌均匀。
3. 蛋打散后倒入平底锅，以小火干煎至七分熟起锅。
4. 将做法2中完成的材料放在蛋皮一半的位置，再在上面放奶酪，接着把另一半蛋液合上，再撒上青椒丁，最后淋上番茄泥即可完成。

毛小孩营养提示
★★★★★

番茄可提供茄红素，和大量的维生素C；牛肉含有丰富的营养；马铃薯则能提供维生素。

共享餐

马铃薯奶酪

我妈妈烧得一手好菜，因此从小就爱吃她煮的菜，所以我吃东西口味偏好中式料理，但这道马铃薯奶酪是我爱吃的少数西式料理之一，尤其奶酪融化后的香味更是令人垂涎。后来发现狗狗也可以吃奶酪补充钙质时，实在太开心了！但是家长们请注意，给狗狗吃奶酪的时候不可过量，因为其中的盐分对它们肾脏的负担太大，反而会对身体造成伤害喔！

材料

马铃薯　1颗
南瓜　　1/2颗
薏仁　　30克
牛绞肉　150克
奶酪　　少许
上海青　适量

做法

1. 将马铃薯切片，放入平底锅中将两面干煎至金黄色备用。
2. 将南瓜、薏仁、牛绞肉放入锅中蒸熟，再将南瓜用果汁机打成泥，放入锅中加入奶酪一起熬煮成酱汁备用。
3. 上海青汆烫后，切片备用。
4. 将薏仁、牛绞肉搅拌均匀放在马铃薯上面，再淋上南瓜奶酪泥，最后用上海青摆盘点缀即可。

毛小孩营养提示
★★★★★

奶酪虽然可以补充钙质，但千万不要过量了，因为若盐分摄取太多，反而会对狗狗造成伤害。

共享餐

咖哩鸡

我最喜欢吃奶奶煮的印度尼西亚口味咖哩鸡，所以对于这道料理情有独钟，不但自己常吃，也常常做给狗狗吃，这就好像是一道家传之宝的料理，每次在煮这道咖哩鸡时也都会勾起我对奶奶的怀念。

🦴 材料

鸡肉	150克
红萝卜	1/4 条
马铃薯	1/2颗
南瓜	1/2颗
青椒	适量

🍚 做法

1. 将鸡肉、红萝卜、马铃薯、南瓜去皮切丁，青椒切丁后全部放入锅中蒸熟备用。
2. 南瓜用果汁机打成南瓜泥备用。
3. 将南瓜泥淋在鸡肉丁、马铃薯丁上，再将青椒丁撒在南瓜泥上即可。

毛小孩营养提示
★ ★ ★ ★ ★

狗狗当然不能吃真正的咖哩，不过以能抗氧化的南瓜泥来代替，相信一样色香味俱全，能够吸引狗狗们的注意！

麻婆豆腐

我们人吃的麻婆豆腐，里面红色的酱汁是用辣椒做成的，但是狗狗不能吃辣，那要怎么煮才像麻婆豆腐的酱汁呢？我想到南瓜是黄色，番茄是红色，两者混在一起不就像是麻婆豆腐里黄黄红红的酱汁吗，而选用的红椒又不辣，做一道狗狗专属的麻婆豆腐餐一点也不难！

🦴材料

南瓜	1/4颗
番茄	1颗
青椒	适量
红椒	适量
豆腐	1块
红萝卜	1/4条
牛绞肉	100克

🍲做法

1. 将南瓜、番茄、青椒、红椒、豆腐、牛绞肉放入锅中蒸熟，再将南瓜和番茄放入果汁机中一起打成泥，青椒、红椒、豆腐切丁备用。
2. 将豆腐铺在底部，其余食材混合，最后再淋上南瓜番茄泥即可。

毛小孩营养提示
★★★★★

以有抗氧化作用的南瓜泥和拥有丰富维生素的番茄泥入菜，是十足能增强狗狗抵抗力的料理！

牛肉丸

周星驰的电影《食神》里的"爆浆濑尿牛肉丸",是我每次去港式餐饮店必点的之一。电影中的牛肉丸很筋道弹牙,里面的经典台词提到:"平均每片牛肉要捣 26800 多次。"意味着牛肉丸要做得筋道爽口的唯一法则就是要花功夫"捣肉"。但我们不用捣 26800 次,只要多捏几次就会让牛肉丸的筋道度加分许多。

材料

苹果	1/2颗
红萝卜	1/4条
牛绞肉	150克

做法

1. 将苹果、红萝卜去皮切丁备用。
2. 苹果丁、红萝卜丁与牛绞肉搅拌均匀捏成球状,用锅蒸熟即可。

毛小孩营养提示
★ ★ ★ ★ ★

苹果里含有丰富的纤维素和水分;红萝卜中富含的胡萝卜素可以转化为维生素 A,有益于皮肤跟毛发的健康。

黄金肉饼

这也是一道充满儿时回忆的料理，小时候路边有卖炸甘薯饼，远远的就能闻到香味，可以把它变化一下，加入鸡肉与牛蒡，使营养不单一。

🦴材料

甘薯　1颗

鸡肉　150克

牛蒡　1/4根

🎩做法

1. 先将甘薯、鸡肉、牛蒡放入锅中蒸熟；甘薯去皮再用汤匙压成泥，鸡肉切末，牛蒡切丝，将鸡肉、牛蒡搅拌均匀备用。

2. 将鸡肉牛蒡饼外面包裹一层甘薯泥，下锅后以中小火干烙至两面金黄即可。

毛小孩营养提示
★★★★★

把高营养价值的甘薯泥，和含铁质的牛蒡一起入菜，再加入营养丰富的鸡肉，相信绝对能吸引你家狗狗吃下肚！

香菇鸡

当我们生病或身体虚弱时，妈妈会炖上一锅香菇鸡汤给我们补气，提升免疫力。鸡汤的营养价值高，我们在炖鸡汤时鸡肉的营养会被熬煮出来，所以鸡汤富含了鸡肉中的很多营养，记得多留点汤汁可以加在狗狗的下一餐中。

🦴 材料

鸡肉	150克
香菇	8朵
姜	少许
高丽菜	1/4颗

🍳 做法

1. 鸡肉切丁，香菇用水泡软后切除蒂，姜切碎，高丽菜切丝备用。
2. 将所有材料放入锅中，加水没过所有食材煮熟即可。

毛小孩营养提示
★ ★ ★ ★ ★

因为这道菜是共享餐，照片里的香菇是没有切的，如果要让狗儿吃香菇的话，请记得要先切碎后再放入它们的食物里喔！

共享餐

大盘鸡

我在大陆拍戏时很常被剧组带去吃兰州拉面，兰州拉面馆的菜单里一定有大盘鸡这道菜，因为大盘鸡是新疆名菜。这道大盘鸡美味绝伦，让我印象深刻， 所以回来后就把它稍微改变一下，就成为一道狗狗也可以吃的新疆料理了！

🦴 材料

薏仁	30克
鸡肉	150克
红椒	1/4颗
青椒	1/4颗
马铃薯	1/4颗

做法

1. 将薏仁放入锅中蒸熟备用。
2. 将鸡肉、红椒、青椒、马铃薯切丁备用。
3. 将做法2中的食材先干炒一遍，再加水没过食材，以大火煮到汤汁剩1/3，再转小火煮到湿润浓稠即可。

毛小孩营养提示
★ ★ ★ ★ ★

红椒和青椒一样都要煮熟才可以给狗狗吃喔！基本上给狗狗吃的食物，在炒食材时是不会另外加油的，这道餐里头的油脂是鸡肉本身的油脂，这样就能避免狗狗吃下太多油。

共享餐

我喜欢吃日本料理，但是我又不敢吃鱼，所以亲子盖饭（一种特色日式盖饭）是我少数选择中的最爱，亲子盖饭里的重头戏就是滑嫩浓稠的蛋，在煮蛋的时候火候的控制是重点，最好将锅先预热后，再转小火慢煮。

材料

糙米、薏仁	50克
甘薯	1/4颗
鸡肉	150克
上海青	少量
鸡蛋	1颗

做法

1. 将糙米和薏仁放入锅中蒸熟备用。
2. 将甘薯、鸡肉、上海青放入锅中蒸熟后，甘薯切丝，鸡肉切丁备用。
3. 将蛋打散，倒入平底锅中以小火煮熟备用。
4. 将糙米和薏仁铺在碗底，放入做法2中完成的材料，最后将蛋铺上即可。

毛小孩营养提示
★★★★★

亲子盖饭的蛋汁当然是重头戏，但是因为要给狗狗吃，所以请避免让它们吃到生的鸡蛋。

第四章　相知

关于毛小孩的大小事

狗狗就像人一样，也可能会感冒、生病，有时候也会心情不好，虽然没办法直接和它沟通，却可以从小地方观察毛小孩是不是身体不舒服。身为它的主人和家人，当然也要肩负起照顾它的责任，本章节列出了一些狗狗常见疾病和问题，让你更了解家中的毛小孩！

毛小孩的喜怒哀乐
从互动中观察得出来吗

心情篇

　　狗狗是由狼演化而来的群居动物，狗狗之所以能与人类成为好朋友是因为有研究发现，狗狗的智商相当于2岁小孩的智商，而2岁小孩已经懂得如何与大人互动，也会模仿学习各种社会化的行为，再加上大部分的狗狗天性活泼好动，所以越来越受到人类的喜爱。

　　每天回家的时候看到狗狗早已坐在门口，一开门立刻兴奋地摇尾巴热烈欢迎我回家，一整天的疲累瞬间烟消云散。但毛小孩的喜怒哀乐你是否看得出来呢？快来了解一下你家狗狗的日常行为代表什么吧！

你有在听我说话吗？

　　狗狗歪着头看你的模样简直让人的心都要融化了，仿佛它很认真地在听你说话。因为它是你最忠实的朋友，所以你愿意把最私密的心事告诉它，心情好时跟它说说发生了什么好事，心情不好时也可以告诉它为何难过，但是狗狗真的听得懂你说的话吗？别被骗了！它们可听不懂你在聊什么，但每次它歪头看你的时候，你一定会捧着它的脸说好可爱，狗狗便能感受到你的赞美及喜悦，记住不是只有狗狗会带给你开心，你的赞美与鼓励也会让它们感到做你的家人很开心喔！

摇摆尾巴代表什么意思？

一般来说，看到狗狗摇摆尾巴都会觉得此时此刻的它应该很兴奋，其实摇尾巴方式的不同代表着狗狗不同的情绪。

摇尾巴的动作	所表示含义
尾巴高举，并快速地摆动，同时耳朵竖起，眼神兴奋，前半身趴在地上	撒娇，想要找你一起玩耍
尾巴摆动得很规律，平静地站立或坐下等待，眼神明显透露出期待或是渴望	在等待你给它喂食
立起飞机耳，看起来全身紧绷，尾巴伸直打平	有陌生人或动物靠近它的领域，让它设起防备心，这时最好带它离开现场，转移它的注意力

打呵欠是告诉你：
"不要再碎碎念了！"

家里有狗狗的一定遇到过这种状况，在你外出的时候，它自己在家玩得太激烈，把整个家搞得天翻地覆，当你回家看到惨不忍睹的"案发现场"，就会把它抓来训斥一番，当你对它唠叨个不停的时候，它却在你面前大打呵欠，你是不是更生气？！其实，打呵欠对狗狗来说是"解除紧张"的方式，狗狗如此高智商怎么会不明白你正情绪激动地指责它呢，当你在骂它的时候，它也很紧张，并希望这一切赶快结束，它才可以继续去玩耍，所以用打呵欠的方式来告诉你："好啦，我知道你很生气，不要生气了嘛！那我可以去玩了吗？"

爱你才让你摸肚皮喔！

肚子是狗狗最私密的地方，如果你家狗狗很爱翻肚皮给你摸摸，那么恭喜你！这表示它很在乎你、信赖你。当它睡觉睡到四脚朝天的时候，也代表着这个家的环境让它感到很安心。

如何跟狗狗一起运动？

狗狗天生喜爱狩猎游戏，而"你丢我捡"就是最好的狩猎游戏，狗狗最喜欢。当狗狗想跟你玩的时候会将前身下趴在地上，屁股翘起来，拼命摇着尾巴。每当它摆出这种姿势的时候，你应该就要知道它在热烈地邀你陪它一起玩耍，这时候请你放下手边任何想做、正在做的事，跟狗狗一起做个运动！

狗狗的叫声代表什么？

门外有一点风吹草动狗狗就会吠叫，这是因为狗的防卫本能很强，稍稍感受到威胁就会启动防卫机制。家里有陌生访客来时，狗狗在不熟悉这位来访者的情况下可能会拼命地吠叫，甚至做出攻击性行为，像是咬人等。有时候狗狗也会对比自己更大只的狗、路边经过的车子、小孩子等吠叫，借此行为保护地盘或是显示自己地位。

这些是由于狗狗在训练社会化的过程中被主人过于溺爱造成，如果主人在狗狗1~3岁时，用正确的教育方式教导狗狗如何与其他的人类、动物相处，应该可避免长大后的攻击行为，若个性已经养成则可请专业的兽医师或训练师重新调教。

狗狗比人更容易有分离焦虑症吗？

狗狗与猫咪很不相同，狗狗是群居性动物，所以很需要人类或其他同伴的陪伴，猫咪反而认为独处较自在，狗狗长时间单独在家容易罹患分离焦虑症，如平时大小便都会乖乖地在固定的位置，但主人一出门反而随意大小便在主人一进家门的门口或在床上；又如有些狗狗会刻意破坏家具或物品，这跟玩得太兴奋是不同的，你会看出刻意破坏的痕迹。狗狗是很怕寂寞的动物，如果有以上的情况发生请先带它去给专业的兽医师看诊，寻求解决的方式。

小案例分享

更令人担忧的是有些有分离焦虑症的狗狗会不断舔身体的同一个部位，通常是脚趾头，舔到皮破血流。我还听一位朋友说过因为上班时间较长，狗狗长期单独呆在家中，就用下巴去磨蹭门直到溃烂流血，令人好心疼！

我家狗狗好像有分离焦虑症，每次我出门它就叫个不停，怎么办？

小孩子与父母分离较长的时间，或到一个陌生的新环境，容易产生焦虑，最直接表现焦虑的方式就是哭闹不休，这就是典型的分离焦虑症。人与狗狗互相陪伴应该是开心、自在的，但黏过头了造成一分离就焦虑，陪伴反而成为一种负担。首先，带狗狗去兽医院做健康检查确定是否罹患分离焦虑症，因为乱尿尿有可能是泌尿道感染，不安焦躁也有可能是身体不舒服的反应。如经医生诊断确定罹患分离焦虑症，可由医生决定狗狗是否需要服用抗忧郁药物，家长则是需要多花点功夫与狗狗一起进行行为矫正，所谓的行为矫正不是关禁闭，更不是处罚它，这样只会让症状更加恶化！

行为矫正的重点在改变你跟狗狗的关系，从狗狗出生到6个月大是训练社会化的黄金时期，如果没有让狗狗跟除了你之外的陌生人或动物有频繁地互动，造成它的世界只有你，因此当每次唯一的依靠——你看似要离开的时候它就会开始担心、害怕、焦虑不安，所以你要做的事就是训练它独立，就像小孩长大了父母要学会放手。训练前有一个原则请你谨记在心："会吵的小孩有糖吃是不对的"，不可以让狗狗在每次哀叫之后就能得到你的关注，这样会导致它以后只要想得到你的注意力就会用吵闹的方式，因为是你让它觉得这招很管用。所以切记彻底执行此原则，行为矫正训练才容易成功。

专家建议 你可以这样做：减敏法

这是目前大多数人用过的比较容易成功的方法，可以找一天你完全有空的时间，先离开家5分钟，再来10分钟、20分钟……每次离开家、回到家，尽量不要有太明显的动作，例如拿钥匙、穿鞋子、拿包包等，请装作你只是从这扇门走进另一个房间一样轻松，一天之内这样进进出出可做20次，让它知道你不是永远离开它，你出去了还是会回来。每次回来可以从外面带点小零食给它，让它觉得只要主人从外面回来就会带回奖赏，慢慢地观念也会转变成"主人不是永远离开我"。我知道这样的训练很累人，但这是为了你跟它的身心健康着想。如果经过几次这样的训练还是无法让狗狗的行为矫正过来，请观察一下自己是不是出门前有什么小动作或眼神让它们感受到你的"不舍"？

有一点请家长们特别注意，当你准备出门时，不要对狗狗又亲又抱，表现出难分难舍的模样，请理智地告诉它，你只是出门一下，很快就回来了。夸张的动作也会影响到它们的心情，你对它表现出难分难舍的样子，它可能会误解成"因为你不会回来了，所以才这么难分难舍。"

用减敏法训练到你消失1~2小时狗狗都不会再吵闹不安，就可以试试看离开家半天的时间，观察狗狗的反应。另外，还可以每天带它出去散步15~30分钟，消耗多余的精力，转换一下环境分散它的注意力；或是准备一些益智游戏的玩具，先带它玩然后培养它自己玩，让它独自在家时有事做，而不是一整天无聊发呆期盼你回家。也有人会建议再养1只宠物陪伴它，但是我认为这不是根治分离焦虑症的药方，最重要的是要改变你跟它之间过分依赖的关系。

狗狗为什么会吃自己的粪便？

看到狗狗吃自己的粪便，你一定觉得又恶心又不卫生吧！尤其是当它吃完之后还来舔舔你。但在你开始批评它之前，请先了解狗狗吃粪便的原因。刚出生的幼犬因为还没有行为能力，不会自己大小便，必须依赖妈妈帮宝宝吃掉粪便，这是为了防止味道外泄引来其他动物的追捕，以此保护狗宝宝安全的方法，当狗宝宝渐渐长大能保护自己之后这个习惯就会慢慢消失。

但是当你家的狗狗已经是成犬，却出现吃掉自己粪便的行为时，你要注意狗狗可能是过度饥饿导致的营养不良，因为从自己的粪便中摄取养分是它们的天性；或者是狗狗肠胃可能出了问题，因为吸收不良导致粪便里还残留食物的味道，狗狗闻到大便中有食物的味道而引起食欲。如果我们三餐都有定时定量喂它们，那还有可能它们肠胃里有了寄生虫，吃了也感觉吃不饱，就像肚子里有蛔虫的小孩，营养都给蛔虫吃掉了，明明吃很多看起来还是很瘦。这时先带狗狗去给兽医师驱虫，平时也可以在食物中添加益生菌以帮助调理肠胃，这样就能避免排出来的大便里有食物的味道。

每日多观察多关心，及早发现狗狗是否生病！

身为"狗奴"，每天除了要喂饱毛小孩之外，还有一项很重要的任务，就是观察狗狗进食与排泄的状况。假设平日喂食固定分量狗狗皆可吃光光，但是突然超过2天以上都剩下近乎一半的食物，这时就要观察它的精神状况是否良好，用平日它最爱玩的"你丢我捡"游戏测试一下，如果它不想玩，那狗狗真的可能生病了！狗狗身体不舒服也会和人一样出现精神萎靡的情况，平常活蹦乱跳，却突然变得没精神，步伐缓慢，变得不爱动，如果还伴随着呕吐、腹泻等症状也就是生病了。

而狗狗粪便的形状也是判断肠胃健不健康的指标，正常的便便是紧实的，呈咖啡色，用面纸拿起来的时候不会散落，不会过于干硬也不会湿软到拿不起来。拉出这样便便的狗狗可以说肠胃道非常健康！过硬的大便可能是狗狗喝水量不足；太软的大便就像我们人类一样，可能是狗狗拉肚子了！若发现便便里有血，就要立即带去看兽医，千万不要耽误就医时间。

另外，也要养成定期帮狗狗量体重的好习惯，不管是人或狗生病一定会造成体重下降，尤其是长毛狗或小型狗，一点点体重的变化都有可能是生病的警讯，而我们每天跟它们相处，可能无法一下就察觉出狗狗体重的变化了，所以应养成每周量1次体重的好习惯，以随时了解狗狗是否健康。如果是大型犬，例如黄金猎犬，我们无法抱着它站上家里的体重计，但一般中小型犬就可用简易的方式随时在家帮它们量体重，就是先抱着狗狗站上体重计，记录下你加上狗狗的总体重，再量自己的体重（这一步可别省略，人的体重每天也会有轻微的变化），总体重扣除你的体重，就是狗狗的体重啦！

狗狗若罹患心脏病，该如何照顾

心脏篇

心血管疾病一直以来都占据狗狗死因的榜首，为什么心脏病对狗狗有如此大的威胁？跟人类一样，狗狗的心脏病分为先天性心脏病、后天退化性心脏病以及传染性心脏病。

什么是先天性心脏病？

先天性心脏病是由于遗传因素或是狗妈妈生产时各种原因所引起的心脏发育不良。先天性心脏病多数在半岁到 1 岁被发现，表现症状是发育迟缓、瘦弱、不爱运动，或是无法查明原因的咳嗽、晕厥、四肢浮肿等。先天性心脏病在小型犬中较为常见，有部分小型犬的病程可能恶化快速，或是有突发性的变化，但也有部分小型犬的病程发展缓慢，在真正导致心脏衰竭之前，可能有好几年的时间只有心脏杂音，但没有症状，不会不舒服，因此也就容易让主人忽略问题的存在。所以家中有小型犬的朋友可以提早带狗狗去做身体健康检查，防患于未然。体重超过 20 千克的大型犬也有不同于小型狗的其他先天性心脏问题，一样不能掉以轻心。

什么是后天退化性心脏病？

如果是后天的退化性心脏病，多半在中老年时被发现，大约在 10 岁之后可能陆续开始出现症状发生，症状包括咳嗽、过度的喘息、短浅而快速的呼吸、因循环不良而使黏膜苍白且精神萎靡、心跳过快或过慢。当发现有咳出粉红色分泌物、呼吸困难等症状时通常都已到了严重的程度，同时也可能诱发其他器官的并发症，所以在病程进展到很严重的程度之前，当你发现狗狗有以下类似的症状请不要犹豫赶快带狗狗去兽医院检查一下。

行为	外观
经常咳嗽	昏厥和虚脱
运动能力降低	腹部肿胀
食欲降低	倦怠和虚弱
呼吸困难，例如：快速呼吸或哮喘	体重显著地增加或减少

如何控制及稳定狗狗的心脏病？

对于有心脏病的狗狗，在家被照顾得好不好，对病程进展的控制具有很大的影响，以下与大家分享一些小常识。当温度有大幅度变化的时候要特别注意，夏天如果室内温度超过27℃时，最好开冷气给狗狗吹，毛也可以稍微剃短以帮助散热，市面上有许多散热的凉垫也可以多摆几个在家里的地上、床上，让狗狗不管到哪睡觉都可以感觉到很凉爽。冬天就要注意保暖，室内温度最好控制在23℃左右，尤其寒流来的时候最好家里可以时常开着暖气，或是用毛巾、毛毯等保暖的物品帮狗狗做几个小窝，分散在家中不同的角落。

而心脏不好的狗狗代谢通常都有问题，因为身体不能及时地将盐分和水分排出，体内的水分容易堆积在肺部，后期通常会有肺积水的症状。这时候狗狗容易不停地咳嗽，必须注意空气质量，可以使用空气净化机，来降低空气尘埃对呼吸道的刺激，并保持环境适当的通风。

另外，体重控制也是重要的环节，因为心脏病会让狗狗的心脏和循环系统所能承受的压力变小，如果狗狗过胖，那就要想办法协助它减肥，才不会增加心脏与循环系统的负担。该怎么减肥呢？可以维持少食多餐的饮食原则，或是改变狗狗的食谱，将高热量食物换成低热量的健康食品，当然不能给狗狗吃人类调味过的食物，过多的钠累积在体内就易引发积水。虽然适当运动对狗狗健康有益处，但是如果是有心脏病的狗狗反而要注意不能做太剧烈的运动，每适度运动15分钟就该休息10分钟，再做下一回合的运动。

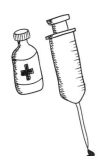

什么是传染性心脏病？

这种心脏病相信养过狗狗的人听到都会闻风色变，它就是犬心丝虫引起的心脏衰竭。心丝虫是经由蚊子叮咬而传播，寄生在心脏和肺动脉的丝状寄生虫，在气候温湿的华南地区有较高流行率，任何品种、年龄的犬只，无论住在室内室外，一年四季都可能感染。犬心丝虫可以存活5~7年，其幼虫寄生在狗狗的血液里，当受感染的狗狗被蚊子叮咬时，幼虫便会顺势跑到蚊子体内，并借由下一次的叮咬将疾病散播出去。狗狗如果不小心感染到心丝虫症，心脏会被大量的心丝虫占据，导致全身血液循环不良。

狗狗感染心丝虫的初期很难察觉，一旦出现明显的症状，病情往往已经相当严重，一开始的症状是咳嗽、莫名地喘，当气喘如牛的时候表示整个心脏可能都被心丝虫塞满。一般常见的症状有咳嗽、精神不振、食欲减退、运动耐力降低、易喘、呼吸困难、疲惫，严重的甚至会出现咳血、贫血、腹水、心肺肝肾功能衰竭。严重的心丝虫感染要借由动手术将心脏里的心丝虫取出，较轻微的心丝虫感染才可以采用驱虫药杀死心丝虫的方式。

专家建议 *该怎么预防？*

预防心丝虫需要每个月吃1次预防药，投药剂量与狗狗的体重成正比，由于每个月都要定时投药，越大型的狗狗剂量越高，且费用不便宜，有些家长一时疏忽就没能定期投药。经蚊子叮咬后存在狗狗体内的是第三期幼虫，而第三期幼虫，经历第四期、第五期，到最后长成成虫大约需半年的时间，所以检验上会有半年的空窗期，建议没能定期给狗狗吃预防药的家长，一定要赶快带狗狗去医院做筛检，如果这次筛检未检验出有心丝虫，带回家后必须恢复定期投药，6个月之后再筛检1次，如果还是没有检出心丝虫才能放心。

毛小孩的四肢
也需要好好保护

四肢篇

四肢是狗狗最常使用的部位，虽然它们爱跟着主人一起跑步，但千万不要以为它们的体力无极限，也要让狗狗适时地休息喔！请避免在大太阳下让狗儿长时间激烈奔跑，因为它们的脚掌无法承受炙热的柏油路，加上高温也会让狗儿容易中暑！来看看要怎么保养它们的四肢吧！

认识"犬髋关节形成不良症"，你家的大型犬是否有此问题？

什么是犬髋关节形成不良症？髋关节就是大腿骨连接到骨盆的地方，想象大腿骨末端是一颗球，髋关节是个杯子，正常的情况是球在杯子里，即使晃动杯子，球也不会跑出来，而犬髋关节形成不良症就是球不在杯子里了，或是在杯子里但只要轻轻晃动球就会掉到杯子外面。髋关节对人类来说很重要，除了要承受上半身的重量外还是一个称职的连接器官，日常全身性的任何一个小动作都会需要髋关节的运作才能完成。对狗狗来说髋关节更是全身最重要的关节，狗狗的追、赶、跑、跳等动作几乎都要靠髋关节完成，

所以可想而知犬髋关节形成不良症对狗狗的影响有多大。

而这种疾病很常发生在大型犬身上，例如拉布拉多、黄金猎犬、罗威纳、德国牧羊犬等。它也可以说是一种遗传发育型的疾病，只要有这个基因就一定会发病，但是很幸运的是现在的医学可以在狗狗 3~4 个月大的时候通过检查发现是否患病，越早发现狗狗有这个疾病就可以越早预防它恶化，并且延缓病程的发展速度。如果错过了确诊的黄金时期，这种疾病会在狗狗 3~12 个月大的时候发病，平时可多观察狗狗的行动力，如果狗狗走路时跛脚不敢用力跳，站立时明显后腿"外八"都是此疾病的症状。一般狗狗可以连续跑步、跳跃等超过 10 分钟以上，但是患有犬髋关节形成不良症的狗狗因为关节疼痛，玩一下就会停下来休息，或是主人摸到疼痛的关节，狗狗会把后腿抽开。而后腿因不太能使力，肌肉也会逐渐萎缩，进而严重影响狗狗的生活品质。

照护重点	说明
体重控制	道理很简单，就跟我们人一样，膝关节或髋关节不好，如果再不好好控制体重，就会增加关节的负担。狗狗对很多事情非常好奇，活泼又好动，相对地活动量变得很大，若不有效地控制体重，骨头摩擦频繁会造成关节磨损，也会让狗狗疼痛
限制运动量	虽然要限制活泼好动的狗狗的运动量很困难，但是减少关节摩擦是延缓病程的关键，带狗狗出去散步的时候最好系上链子，控制它的行走，避免它过度跑跳。许多主人喜欢跟狗狗玩后脚站立转圈圈的游戏，或是到公园掷飞盘让狗狗飞奔跳到空中咬住，但这些游戏都不建议跟患有犬髋关节形成不良症的狗狗玩
给予关节适当的营养补充品	葡萄糖胺与软骨素已被证实在关节炎治疗上可达到增加关节液的分泌量以及关节间的润滑液——透明质酸的浓度的效果，延缓骨关节退化，减少摩擦、发炎、疼痛和肿胀变形情况，提高关节的活动能力

罹患犬髋关节形成不良症的狗狗，该如何照顾？

毛小孩是我们一辈子的家人，如果不幸患有犬髋关节形成不良症，细心的照顾依然可以给它们良好的生活品质，开开心心地过一辈子，下面有几个照顾的重点与大家分享。

对于中大型狗狗而言，主要在幼犬和老犬时期容易罹患髋关节形成不良症。幼犬时期因关节发育还未稳定及体重增加迅速，导致髋关节承受较大的压迫力及不正常摩擦，便会造成疼痛及关节的损伤与退化。老犬则因为身体机能的衰退，使软骨和关节囊中的润滑液的制造产生问题或已不再分泌，进而得了所谓的退化性关节炎。在这两个阶段的狗狗，都应适当服用软骨素。葡萄糖胺是身体内自然存在的一种物质，为构成蛋白多糖的主要成分，而蛋白多糖又是软骨组织的主要成分。葡萄糖胺的主要功能是刺激受伤软骨重建，它虽然略有消炎功能，但基本上还是以重建僵硬和腐蚀的关节组织来减轻疼痛和肿胀，并使关节柔软为主。将软骨素与葡萄糖胺合并服用，比单独使用葡萄糖胺或软骨素的效果来得好。

认识狗儿的关节炎，让狗狗不再忍痛!

有研究统计，在美国大约有 20% 的狗狗罹患关节炎，这算是一种较常见的疾病，但也让很多家长感到苦恼。狗狗的关节炎通常是因为年龄老化而造成的退化性关节炎，它不只影响骨头，也会让周边的韧带、肌腱这些软组织受到损害，关节会感到疼痛，并使关节的灵活度下降。

任何有关节的地方都有可能发生关节炎，狗狗常见的发病部位有髋关节、膝关节、踝关节、脊椎、腕关节、肘关节。狗狗为什么会有关节炎呢?大部分患病的原因是老了、退化了，这属于不可逆的病程，还有一部分原因是意外造成的关节外伤、先天性骨骼发育不良、体重过重等也都会诱发此病。有些品种的狗狗因先天骨骼发育问题，属于关节炎的高危群，因此要特别控制它们的体重，以及在年老的时候也要限制活动范围，避免跳高，或运动过量。

体型	高危群的品种
大型犬	黄金猎犬、拉布拉多、德国牧羊、大丹狗、圣伯纳犬
小型犬	吉娃娃、约克夏梗、马尔济斯、腊肠犬、玩具贵宾

关节炎的症状很难被发现，尤其猫狗本能上是很能忍痛的动物，通常已经到疼痛难耐的地步，才会出现明显不适或表现出异常的行为，除非是非常细心的家长，一般来说早期很难观察出来，例如出现跛行，平时爱跑跳突然变得懒洋洋，走几步路就趴下休息，上下楼梯会害怕；或是像患有关节炎的人，刚睡醒的时候会因为疼痛而起身困难，狗狗也会在起身的时候看起来僵硬甚至发抖等症状时要格外注意。建议家里有以上品种的家长可以在其幼犬期先带去专业兽医院做检查，提早确诊也能提早治疗，以延缓病程。

降低狗狗关节压力的方式有哪些？

关节炎是无法完全治愈的疾病，若家里的狗宝贝出现退化性关节炎征兆，需增加肌肉强度，比如游泳对有关节炎的狗狗来说是非常好的运动，因为游泳是无重力的运动，在不负重、无压力的情况下可增加肌肉的强度，有了强健的肌肉再去巩固关节，这样当关节在活动的时候才不易受损。

体重过胖的患关节炎狗狗也需减重，这样活动时才能降低关节的压力。年纪大的狗狗如果有退化性关节炎，到后期可能因为双脚无力容易滑倒，尤其家中的瓷砖地板本身很滑，会造成患病老狗生活上的不便，建议可以在狗狗平常的活动地铺上软垫或地毯，一方面可避免狗狗滑倒，也可以避免狗狗因情绪激动用后脚站起，增加后脚关节的负担。

照护好毛小孩的牙齿、眼睛和耳朵，别轻疏了小地方

五官篇

从狗狗的五官可以看出它们的健康状况，如果发现狗狗的眼屎变多或是鼻头异常干燥等情形，就要进一步观察它们是不是身体哪里不舒服，千万不要轻疏了这些小地方！

牙齿的保健攸关性命？要如何避免爱犬得牙周病？

我们人类有 28 颗牙齿，长出智齿之后会有 32 颗，而狗狗的牙齿总共有 42 颗，人平均每天都刷 2~3 次牙，而狗狗的牙齿保健也更是需要被细心地照顾。人会有牙齿相关疾病，狗狗也会有。对于吃鲜食的狗狗，因为食物残留在牙齿上会产生牙垢，久了就会形成牙结石，牙结石里含有细菌，会破坏表面的牙釉质，又再深入侵蚀里面的牙本质及牙髓，接下来就会侵犯到神经，而感到疼痛。要如何知道你家狗狗有没有牙周病呢？如果狗狗频繁地搔嘴巴周围的部位，牙齿变成黄色或茶色，嘴巴里有腐烂的臭味，咀嚼食物时因为疼痛所以吃不下，就可能是患了牙根炎或牙龈炎，此时因细菌感染会引起患部肿胀、流脓，嘴巴产生臭味，还会口水流个不停，且口腔内大量增生的细菌也可能扩及全身，造成心、肺、肾、肝等其他器官疾病。

牙周病是一连串牙齿疾病的恶化过程，最有效杜绝牙周病的方法就是从源头断根，也就是预防牙结石产生，因此最好每餐饭后都帮狗狗擦嘴巴及刷牙。建议可以先用纱布缠绕在一根手指上，伸进狗狗的嘴巴里擦拭它的牙齿，一开始狗狗一定会很不习惯有异物进入口腔，所以不用每颗牙齿都刷到，先让它习惯刷牙这个动作，再来就可以到宠物店购买狗狗专用牙刷及牙膏，千万不可以拿人用的牙膏给狗狗刷牙，因为人用的牙膏里有氟化物、木醣醇和起泡剂，这些都会影响狗狗的肠胃甚至肝脏，量多可能导致中毒。人用漱口水也不行，人用漱口水中会经常添加薄荷脑或是色素，同时也含有氟化物成分或是浓度不低的酒精，这些都会影响狗狗的健康。

幼犬换牙期会疼痛，如何帮助狗狗度过因换牙带来的不适感？

如果养的是幼犬，它们在 4~6 个月的时候会换牙齿，提早一些可能在 2~4 个月的时候就会先开始换门齿。狗狗的门齿共有 6 颗，在 2 颗犬齿中间的一排就是门齿，5~6 个月的时候全部的门齿都变成恒齿，再来才是换犬齿。狗狗在换牙的时候会感到酸痒疼痛，它们会用咬东西的方式来舒缓这种不舒服的感觉，这也就是为什么常常听到家里有养小狗的家长抱怨家里的家具被咬烂。在换牙期，可以多陪狗狗玩，以分散它的注意力，把不能咬的东西就暂时收起来，多准备一些磨牙玩具给它啃一啃。大型犬的换牙速度比较快，可能在 5 个月大时已经完成换牙。一般说来，不论是大型犬还是小型犬通常在 1 岁左右的时候就结束换牙，所有的恒齿都会长齐了。

为什么掉下来的乳牙会找不到呢？是不是吞进肚子里了？别担心！就跟狗狗吃骨头一样，掉下来的乳牙会跟着便便一起排出，只是我们平时不会主动去翻看它的便便，所以通常我们就不知道狗狗的牙齿是在什么时候掉下来的，也找不到牙齿掉在哪里，其实只要狗狗的食欲、精神状态正常，就不用担心吞下肚的牙齿会对狗狗的健康造成影响。

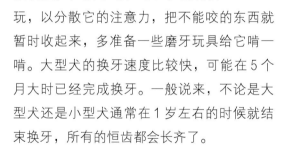

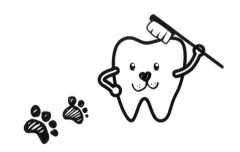

狗狗在高龄期也会掉牙，没有牙齿的话，该如何帮助狗狗进食？

狗狗的平均寿命是13~17岁，一般来说1~4岁是幼年期，5~9岁是青壮年期，而10岁以上就算是老年期。小型犬在11岁时，才会出现衰老症状；中型犬则是到9岁，大型犬则是到7岁就迈入老年。狗狗步入老年的其中1个症状就是掉牙齿，这次掉的牙齿跟人一样，不会再长回来了。严重掉牙的老狗可能因为进食受阻而营养不良，家长在食材上宜选择软而易消化的食物，如果是吃干饲料的老狗，建议先将干饲料泡水20分钟，待泡软了之后再给狗狗吃。

不论是哪一阶段的狗狗都需要充足的蛋白质作为营养来源，尤其是肌肉量流失严重的老年狗狗，更需要有足够的蛋白质摄取以避免营养不良或营养不均衡的状况发生。而我们都知道肉类拥有丰富的蛋白质，所以自己动手做鲜食可以多添加一些肉类，如鸡肉和羊肉，它们的营养价值高，且脂肪和胆固醇的含量较低。切记将鲜食煮好后用食物料理机打成泥状，方便已经没有牙齿的老狗进食。

狗狗时常摇头晃脑，是耳朵里面有寄生虫吗？

不论是寄生虫还是脏东西进入耳朵，狗狗会因为奇痒难耐而摇头晃脑，企图将耳朵里的异物甩出来。若是用脚拼命抓耳朵后方，还有可能是耳朵发炎或是有耳疥虫。狗狗耳朵的构造与人类相似，耳道至鼓膜之间是外耳，如果外耳囤积太多耳屎，时间长了容易造成感染，所以帮狗狗洗澡的时候也要特别小心，别让水跑进耳朵里。外耳若受到感染就是外耳炎，外耳炎的症状是异常搔痒且耳屎变多，清完一轮很快又有新的耳垢，如果确定感染外耳炎，光是清洁耳垢是无法根治的，必须要接受药物治疗。

鼓膜内侧受到感染便是中耳炎，通常是外耳炎没有被发现或治疗，恶化之后变成中耳炎，中耳炎不会痒但是会导致强烈的疼痛。

另外有一种常见的寄生虫，是寄生在狗狗的耳朵里，叫作耳疥虫，它们喜欢吃耳垢和分泌物，会在狗狗的外耳产卵，然后不断地繁殖。有耳疥虫的狗狗除了会痒之外，耳朵还会发出恶臭，耳疥虫很小但是肉眼还是看得到，如果掀开狗狗耳朵看见白色小颗粒的东西就是它了。此外，我们可以通过检查耳垢的颜色，了解狗狗可能患上哪种耳疾，正常的耳垢是金黄色或褐色的，如果掏出脓状物，便是发炎感染了。

所以平日帮狗狗清洁耳朵很重要，洗完澡后狗狗都会习惯性摇头，将耳朵里的水甩出来，其实摇头甩水是很好的清洁耳朵的方式，我们要尽量协助狗狗将水甩出耳朵。例如可以往狗狗的耳朵里吹气，这样会促使它摇头，再用干毛巾或面纸帮助狗狗将耳朵中的水分擦干；定期修剪耳朵里的毛，让耳道更通风，也可以用湿棉花棒谨慎小心地做最后一道清洁手续。

狗狗的眼屎变多是得了结膜炎吗？

眼泪是一种保护眼睛的液体，除了让眼球保持湿润外，也有助于排出跑入眼睛的灰尘。正常情况下眼泪应该是无色透明的，但是当眼睛受到感染时，泪腺会有分泌物混杂着眼泪出来形成眼屎，如果狗狗得了角膜炎或结膜炎会产生大量的眼屎在眼睛周围。什么原因会让狗狗感染结膜炎？可能是有异物进入眼睛、眼部受伤、睫毛倒插、消毒药水或沐浴乳不小心进入眼内、感染犬瘟热或是传染性肝炎。发现狗狗眼睛红红的时候，我们可以先自行做一些简单的检查，观察眼睛是否有明显的外伤、眼睑是否肿起、眼睛是否眯起，比较两只眼睛的状况有无不同。检查后如果狗狗的病况很严重，应该立刻带去医院，但是如果是轻微症状，可以自行先帮狗狗做以下简单的居家护理及保养。

居家护理及保养	说明
清洁眼屎	用无酒精的湿纸巾随时帮狗狗擦拭眼屎，再用干的卫生纸擦干，让眼睛周围保持干燥，以加速病后的康复
带上头套保护	若狗狗有瘙痒症状，先将头套戴起来。狗狗在感到眼睛不舒服时，往往会反复地搔抓搓揉不舒服的眼睛，此时将头套戴着可以有效避免更进一步的伤害
修剪眼睛周围的毛发	长毛狗眼睛周围的毛太长容易插到眼睛，也可能导致结膜炎，所以定期帮狗狗修剪眼睛附近过长的毛发，也可以有效预防感染结膜炎

毛小孩也会便秘或拉肚子，主人可要随时注意

消化篇

如果从狗狗的外观看不出来健康状况，也可以通过狗狗每天的排泄状况来判断。狗狗跟人一样，每日有"好便便"，才能有美丽心情喔！

如果毛小孩便秘的话，该怎么吃才会顺畅？

狗狗也会便秘？是的，正常的便便应该是金黄色，家长用卫生纸捡起来的时候不会太干，带点软度，但又不至于湿软到拿不起来。家长如果观察到狗狗的大便太干硬，或是连着好几天都不大便，大便的时候狗狗似乎使了好大劲，却还是拉不出来，那就是它们可能便秘了！虽然便秘不是什么大病，但是如果忽视不去理它，长期下来不但会造成狗狗不舒服，严重的话也有可能产生疾病，尤其是肠道功能一旦受损之后便很难再恢复了，真可说是因小失大啊！

如果是饮食引起的便秘，建议多喂狗狗一些容易消化、纤维多的食物，也可以给狗狗吃益生菌或消化酶等，以促进肠胃蠕动，还可以喂食适量的柑橘类水果如橘子、柚子、橙、凤梨、

苹果、木瓜或哈密瓜等来协助狗狗肠胃蠕动，帮助排便。但不建议让狗狗吃太多水果，因为有些水果中糖分或钾含量高，如香蕉、杨桃、樱桃或猕猴桃等；而有些水果易有农药残留。所以建议分量为 1~2 口，每周吃 1~2 次即可。另外，红萝卜对狗狗的肠胃很好，体重 10 千克的狗狗每次只需吃 50 克。水果可以用果汁机打过再混合在其他食物里，若它们愿意吃的话，也可以单独喂食。

狗狗为什么会便秘？

便秘原因	说明
情绪变化	若是搬新家、换新的主人或是家里多了陌生人一起生活等原因，让狗狗情绪产生变化，从而心里有压力就有可能导致便秘
运动量不足	长期待在家中的狗狗，因为室内空间小，运动量不足也会导致便秘
饮水量不够	狗狗平时饮水量不足的话，也是造成狗狗便秘的原因之一
身体有疾病	狗狗骨盆或脊椎受伤，消化系统如直肠、肛门发生病变，或是神经功能异常，进而影响正常排便。其他如肚子有肿瘤压迫肠道也会造成便秘

狗狗为什么会拉肚子？

多观察狗狗的便便，不仅可以了解狗狗的肠胃状况，也可以看出狗狗最近的健康情况。健康的狗狗将食物吃进体内，肠胃会充分吸收其中水分，形成的大便就是软硬适中的条状，但是如果水分跟着大便一起出来就是腹泻，是身体出状况的警讯。先审视一下这两天是否饲料喂过量？有没有改变饲料？有搬家或有陌生人、动物进住造成压力？夏天罐头放在常温中时间过久导致食物不新鲜？排除以上原因，就有可能是感染性问题、寄生虫寄生或其他更严重的状况。先停止喂食一两餐，但依然要补充水分，看腹泻的症状是否有缓解，如果第二天腹泻呕吐症状依然持续就需要赶快带狗狗去看医生了。

为什么狗狗容易膀胱结石，有方法可以预防吗？

膀胱结石也是一种常见的疾病，好发于成年犬或老年犬，幼犬较少会出现这类情况。导致膀胱结石的原因通常与尿路感染、矿物质在尿路形成结晶以及日常饮食等有关。有尿结石的狗狗通常会频尿，但量少，尿液呈滴状或线状，颜色变深，有时甚至有血尿，晚上睡觉时可能会尿床，尿液中有很浓的氨味，不及时治疗的话可能因为尿毒症而死亡。

若发现结石可以带狗狗去医院用手术的方式取出，但仍然要注意日常的饮食，因为结石是非常容易复发的疾病。一般来说，公狗罹患膀胱结石的概率会比母狗来得高，因为公狗的尿道较狭窄且长，容易被结石完全阻塞造成无法排尿，进而导致尿毒症。其实，狗狗的疾病都有征兆，如果在早期及时发现，并斩断病源才能有效避免对狗狗的健康造成威胁。

专家建议 你可以这么做

- 让狗狗在屋内有固定大小便的位置，避免憋尿。
- 有足够干净卫生的水源，不喜欢喝水或喝水不足的狗狗，发生结石的比例高。因为饮水少会引起尿液浓缩，易形成结晶沉淀，就可能增加结石形成的机会。
- 可以多添加含水量高的食材来补充水分，如甜椒、胡萝卜、高丽菜等；并限制容易导致结石的矿物质摄取。

我们家是女生雪纳瑞，为什么容易反复感染膀胱炎？

当狗狗的抵抗力不佳时，细菌可能会从尿道入侵膀胱而引发炎症，这种情形好发于母狗，因为它们的尿道较公狗短，细菌更容易进入膀胱，尤其是狗狗常常坐在地上，肛门周围的细菌容易顺势入侵尿道。膀胱发炎的症状是尿量很少，由于有残尿感所以会尿频，会看到狗狗一直有尿尿动作，但只会尿出一两滴，甚至没有任何排尿。尿液颜色会变混浊，严重时会有血尿，狗狗因为不舒服而精神不济，如果不及早治疗恐怕细菌会扩散到肾脏演变成肾盂炎。多喝水是对付泌尿系统感染最好的方法，可以在家中多处放水盆，或在水中加入一点点狗狗爱吃的小零食来引导它多喝水，在饮食方面还是鼓励各位家长多多动手做鲜食给宝贝们吃，因为鲜食中的水分含量较多！

虫虫危机！狗狗呕吐物或便便中有虫子，赶快带去医院驱虫！

幼犬的免疫力比成犬弱，容易感染病毒或被寄生虫攻击，因此一定要准时接种疫苗，在6个月大之前避免带幼犬去狗聚集的地方，避免与陌生的动物接触。尤其狗狗常会舔地上的粪便跟尿液，而排泄物里最容易窝藏病毒跟寄生虫，家长们也要特别注意。幼犬感染寄生虫时，初期很难观察出来，等到肚子的寄生虫数量多到一定程度，狗狗会吐，呕吐物里可能会有活的寄生虫，家长第一次看到肯定会惊慌失措，但请先镇定下来，将虫子拍照下来，带狗狗到兽医院给医生检查判断这是哪一种寄生虫，以便兽医对症下药。

寄生虫的种类（包含体内及体外）

名称	特征	症状	说明
蛔虫	蛔虫是白色或米白色，呈圆条状且两头尖	消瘦、黏膜苍白、食欲减退、呕吐、发育迟缓	蛔虫病是由犬蛔虫、狮蛔虫和犬小蛔虫引起的疾病。一般是已受感染的狗的粪便夹带虫卵，其他狗狗吞食被这种虫卵污染的饲料或水而感染，虫卵进而在肠内孵出幼虫。有时受犬蛔虫感染的幼犬，会因为移行至肺脏的幼虫数量过多，而造成咳嗽或呼吸困难等症状
疥虫	患有疥虫的狗狗，在皮下、腹部、腿内侧等会有小红点	巨痒、脱毛和出现湿疹等，严重时出现皮肤增厚，大面积掉毛，形成痂皮	民间俗称这种患病狗为"癞皮狗"。在疥虫寄生过程中，会引起狗狗皮屑增多，耳壳明显因痂皮增厚。由于皮肤巨痒，狗狗会不自觉地啃咬，严重的话会破皮、出血和溃烂，因为不舒服影响狗狗食欲，而日渐消瘦和体力衰弱
钩虫	钩虫的身体前端是弯曲的，且嘴巴有3个锐利的钩状齿，可深深地钩在寄主小肠黏膜上吸血	狗狗拉稀时可能会带血和黏液，长期失血会造成贫血、消瘦，缺乏食欲，有时出现水肿，会发育但是长不大	钩虫病是狗狗主要的线虫病之一，寄生于小肠，特别是十二指肠和空肠中。钩虫的分泌物有使血液不凝结的能力，一旦被钩虫寄生，有可能对狗狗造成严重贫血

续表

名称	特征	症状	说明
绦虫	狗狗感染绦虫后症状一般不明显,只能从狗狗排出的粪便中见到乳白色的绦虫节片	大量感染时可能出现腹部不适、贫血、消瘦、消化不良等症状	绦虫也是常见的寄生虫,绦虫可感染人和各种家畜,并危害生命。绦虫有很多种,绦虫的成熟孕卵随粪便排出体外,被中间宿主食入,在宿主体内的脏器中形成囊尾幼虫,最后狗狗误吃含有囊尾蚴的肉尸或脏器,囊尾蚴便在狗狗的小肠内发育成熟成各种绦虫
虱虫	虱虫因为是寄生在体表,所以肉眼可发现黏附在狗狗毛上的红褐色的虫子	影响狗狗的食欲和作息,症状是消瘦、毛发脱落、皮肤掉屑等,长期被大量寄生的病狗会精神不振、体质衰退	由于虱虫的活动和吸食血液,使狗狗产生巨痒,而影响食欲,会让狗狗体质衰弱,也可能影响生育
蚤虫	成虫是棕黑色,吸完血之后呈现红黑色;身体扁平,在毛发里爬行不易发现	跳蚤叮咬会产生毒素,狗狗会痒到受不了而不停地啃咬或搔抓。一般寄生在耳朵下、肩胛、臀部或腿部,患部会起红疹、掉毛	也就是俗称的"跳蚤",以吸血维生,吸血时会令狗狗感到强烈瘙痒。由于蚤虫活性强,寄生宿主广泛,所以是许多疾病的传播者

狗的肌肤很脆弱，
毛发篇 需要健康的毛发来保护

　　狗狗的皮肤其实很脆弱，毛发就是它们的防护罩，有健康的毛发，才能让狗狗免受皮肤病的困扰！如果想要你家狗狗拥有亮丽的毛发，除了定时帮它们保养清理外，也可以通过适当的饮食来调理喔！

反复发作的皮肤病真扰人，该如何预防与保养？

　　我国华南地区一年四季气候潮湿，不但衣服容易发霉，家中的毛小孩也很容易感染上皮肤病！皮肤病不容易根治，治疗痊愈一阵子之后可能又复发，常让家长们头痛不已。对付皮肤病要先从自身做起，找出根源对症下药，所谓找出根源是指提供给狗狗的生活环境各方面是否出现问题？如台湾属海洋型气候，不论是冬天或是夏天的湿度都很高，空气中湿度高就容易滋生真菌、细菌，进而对皮肤造成刺激或过敏，最好的控制方式就是开除湿机，除湿机能将屋子里过多的水分吸走，也能将狗狗毛发中的水分吸走喔！为了保持环境干燥，拖完地之后最好可以马上用干布将地板擦干，再用电风扇吹，因为狗狗常常趴在地上，若地板太湿也会弄湿它们的毛发。

　　有些狗狗由于有先天过敏遗传体质，容易有异位性皮肤炎，症状就是全身痒，尤其是好发于脸和嘴唇，狗狗甚至会用后脚不断抓嘴唇、用脸在地上磨蹭，同时会一直舔四肢、脚趾头，或抓挠两只耳朵，使这些部位同时发炎。湿度只要高达 70%，就容易产生过敏现象，外在的过敏原有尘螨、微生物、花粉等，过敏原

的种类十分复杂，目前还很难完全检测出来狗狗对哪一种过敏原过敏，所以我们只能先从自身环境做起，勤劳地打扫家中环境。由于过敏是自体免疫力性疾病，只要碰到过敏原，就会引发过敏性皮肤炎，除非自体免疫系统改变，也就是遗传基因改变，否则我们只能防患未然，避免让狗狗接触到过敏原就不太容易诱发皮肤病，假设狗狗对尘螨过敏，那我们就让尘螨消失吧！只要不接触就不会诱发，所以家长可以多观察狗狗发病前后，家中环境或天气是否有变化，找出过敏原就好办事了！

另外，若是急性皮肤过敏，有很大的概率是因为身上有跳蚤，狗与狗之间的接触会让跳蚤有机会换一个新的宿主。若被跳蚤叮咬，狗狗会常常咬下半背、尾巴，或是有掉毛、皮肤红肿的现象。因为很痒，所以狗狗会拼命舔皮肤，甚至舔出伤口。跳蚤很小，跳蚤卵更小，一般来说肉眼很难发现，所以建议定期给狗狗喷施除跳蚤的药剂。

除了外在环境引发的过敏之外，食物也可能是造成狗狗皮肤过敏的原因，我们可以用饮食删去法找出致敏食物，例如原本喂食的餐点里有 5 种食材，我们可以每 3~4 周删去 1 种食材，如果删去后的 1~2 周过敏症状消失了，那表示过敏原就是这种食材，如果过敏症状没有消失，那就再删去另一种食材，以此类推。经过反复地删去法实验后若过敏症状还是没有得到改善，或许是狗狗本身体质问题，我们也可以试试看从饮食上帮助狗狗改变体质，例如平时可以喂它们吃些红豆、绿豆、薏苡仁等。薏苡仁可以帮助去热排毒、加速皮肤角质层代谢，有去湿气、健脾、排脓、舒筋等效果，喂食时可把薏苡仁当作配料加在饲料里，或是当作餐与餐之间的点心。

狗狗也有圆形秃？掉毛的原因是什么？该如何改善？

狗狗掉毛大部分是正常的，就像我们人每天或多或少都会掉一些头发一样，毛发也随时在进行新陈代谢。短毛狗也是会掉毛的，只是因为毛发短而不明显，若长毛狗掉毛就很容易在地板上看到大量毛发，除了一般正常掉毛之外，掉毛还有以下几个可能原因。

掉毛原因	说明
成长期换毛	一出生的狗宝宝身上就有毛发，这些毛发是胎毛，胎毛在小狗3~4个月大的时候开始换毛，长大到6~7个月时胎毛就会完全脱落干净，随之长出来的毛发就不容易掉落了
换季掉毛	通常春季和秋季是换毛的季节，秋天底毛掉落后，新长出来的保暖绒毛可以应付寒冬。春天来时，底毛会掉落，毛量减少以迎接夏天的酷热。季节交替时慢慢褪去的毛可能会附着在狗狗身上，可以帮狗狗梳理一下毛发以便掉落
皮肤病	若是疾病引起的掉毛，会是局部性掉毛，请仔细观察狗狗的皮肤上是否出现红斑、疹子、斑点或皮屑等，这类皮肤疾病又分成过敏性皮肤炎或感染性皮肤炎。从掉毛的部位可以推测出可能罹患的疾病，如果是脸、腿、背部掉毛并出现红斑，就可能是过敏性皮肤炎；臀部及背部掉毛，扩及尾巴根部及腰部，就可能是跳蚤引起的过敏性皮肤炎；真菌或细菌感染则会造成圆形秃；毛囊虫这种寄生虫引起的掉毛会合并巨痒及皮肤红肿
营养不良	当食物中长期缺乏维生素及矿物质也会引起掉毛，尤其是维生素A、铜、锌等严重不足时则会引起皮肤病，排除以上容易观察出来的掉毛原因，大部分不明原因的掉毛跟营养不良有关，请家长们先检查饲料的营养成分
压力	跟罹患圆形秃的人一样，搬家、换主人、家中有陌生人或宠物进住，都有可能造成狗狗莫名的压力等心理情绪反应，从而在生理上造成疾病，狗狗会不停地舔身体某个部位而导致掉毛。找出狗狗压力的来源，回顾一下近期是否家中有新加入的成员或生活上有变化

千万不可忽视体外寄生虫，尤其以壁虱引起的疾病最为严重！

狗狗时常会在草地上跑来跑去，但家长们千万要注意这时体外寄生虫会附着在狗狗的毛发上，被寄生虫叮咬后不只会让狗狗搔痒、疼痛，更可怕的是寄生虫所带来的传染病，会严重影响狗狗的健康，甚至导致死亡。在前篇"消化篇"中已经同时介绍体内及体外的寄生虫，这里则深入了解壁虱可能带来的疾病。

传染病	说明
犬艾利西体病 （Ehrlichiosis）	犬艾利西体病是通过壁虱叮咬狗狗皮肤而传播的疾病，当它在狗狗身上造成感染后，会进入血液寄生于白血球与血小板之中，开始对血液系统做一连串的破坏，受到感染的狗狗会发烧、精神不好、嗜睡、食欲变差、体重变轻；进入慢性期后会造成抑制骨髓生产，此时即便已经撑过急性感染的阶段，也会使得死亡率提高很多
焦虫病 （Babesiosis）	焦虫寄生在狗狗血液的红血球中，壁虱则是主要的传染源。感染焦虫症的狗狗会严重贫血，因为长期缺乏养分，身体会变得虚弱，体温上升、体重下降、牙龈等黏膜变得苍白，焦虫症也可能引起黄胆症状，口腔黏膜会变得黄黄的。病程严重时，因为严重的贫血而造成身体其他器官的缺氧性伤害，此时即便焦虫病控制下来了，也是有可能出现后遗症。另外，有些焦虫可能会变成终身携带，一旦抵抗力不好时就有可能跑出来作怪
莱姆病 （Lyme disease）	是一种人畜共患病，可能的症状有发烧、淋巴结肿大、跛脚、肌肉及关节疼痛等。而人被传染的途径是被壁虱叮咬或是伤口接触到病犬的尿液，症状是疲倦、头痛、发烧、肌肉疼痛、淋巴肿胀、关节炎及脑膜炎等
犬肝簇虫病 （Hepatozoon）	犬肝簇虫病是一种通过壁虱传播的传染病，但是狗狗不是通过被叮咬而感染，而是吃了壁虱后才被感染。感染犬肝簇虫常见的症状为呕吐、拉血痢、发烧、精神不振、食欲变差、身体逐渐虚弱、肌肉及关节疼痛等

平时保健篇

毛小孩生病的症状跟人一样吗

虽然狗狗平常老是活蹦乱跳的，体力跟精力也很旺盛，但狗狗也是会感冒生病的，但是因为它们不会说话，除了可以观察一些小细节来判断它们的身体状况外，也可以通过定期的健康检查了解狗狗健康情况。这里也告诉你狗狗平时的小毛病会不会成为严重问题，以及该如何照顾生病的宝贝们。

预防胜于治疗！狗狗定期做体检，活得长寿又健康！

人们在不同岁数，会依照身体状况进行不同的体检项目，以便随时了解自己的身体状况，现在的人普遍都知道定期做体检的重要性，对狗狗来说也是一样的，体检能帮助预防各种遗传疾病、传染病、慢性疾病、寄生虫的发生，因此定期带狗狗体检是每个家长都应该要有的观念。

建议家长在狗宝贝7岁以前每年做1次健康检查，而7岁以后渐渐迈入中老年则改为每年2次。平常在家中可以做一些基本观察，以便随时能掌握狗宝贝的健康状况，如饮水量变化、食量变化、大小便状况、是否呕吐、是否拉肚子、有否喘气问题、耳朵的味道、鼻头干湿、口腔气味等，如果发现有异状，用相机、手机记录下来在家中发生的状况及频率，提供给兽医师判断。

狗狗的健康检查分为四大类，包括基础理学检查、血液检验、影像检查、粪便及尿液检查，针对可能发生的疾病及不同器官一一逐项检查，才能全面地将狗狗的身体状况呈现出来。

检验项目		说明
基础理学检验		这是狗狗来到兽医院时的第一项检查，主要从狗狗的外观、身体症状来初步了解狗狗的健康情况，以及是否有立即性的生命危险。听诊、触诊和叩诊，还有聆听家长对狗狗的观察描述，让兽医师做出初步的疾病判断。通常在检查时医师根据这些信息做出疾病的初步判断，之后从更进一步的检查数据中做出诊断
血液检验		帮狗狗抽血后，将血液做抹片、离心、生化分析和血球数量检测等，可以帮助医生判断狗狗是否有器官病变，例如肾脏病、肿瘤、贫血、肝功能异常、胰脏炎，甲状腺功能异常、糖尿病等，或是否有病毒感染及体内带有寄生虫
影像检验	X 射线	通常通过看 X 光片来检查骨骼的状况，如关节有否错位，有没有长骨刺，是否有软骨增生的问题，老年狗可看出关节磨损的状况；若狗狗发生意外伤害，像骨折或误吞异物，可以通过 X 光片看出受伤的部位及严重程度。有可能发生髋关节发育不全症的品种狗，建议在半岁前提早接受 X 线检查
	断层扫描	当怀疑有恶性肿瘤、脑部神经病变等时，需要更深入地检查细胞、骨骼、组织才能帮助医师做出更精准的诊断，做断层扫描必须在全身麻醉时才能进行检验，家长请记得在进行麻醉前 6 小时内要禁食禁水
	超声波	超声波可以看出体内软组织结构的异常，例如通过肾脏超声波检查可以看到结石的数量及大小；心脏超声波可以得知心脏结构、收缩功能、瓣膜闭合情况及心室壁厚度等。对于怀孕的狗狗也可利用超声波来监测其胎儿的心跳、体形大小是否正常和胎位正不正
	心电图	对于可能罹患先天性心脏病的品种狗，在经过医师听诊发现有异常，如心杂音、心律不整、心跳过快或过慢，都会建议做心电图。某些心脏疾病，只有通过心电图可以判断出来。如果家中养的是小型犬，且发现狗狗莫名地喘气，或有过度换气的现象，可以请医师进一步做心电图查明原因
粪便及尿液检验		如果肠胃、血液和肾脏有问题，可以从排泄物中得知，家长可以自行在家中采集好狗狗的尿液及粪便带去医院检验

夏天要怎么预防狗狗中暑？

记得看过几则主人下车买东西把狗狗单独留在车中，而狗狗耐不住高温不幸身亡的新闻吗？其实不只如此，长时间在烈日下运动，也容易造成狗狗中暑。因为狗狗的皮肤汗腺无法散热，只能靠张开嘴巴调节温度，而体内的温度过高而嘴巴换气的速度又不够快时，严重的话就会休克。

而怎么知道狗狗是不是中暑了？当狗狗呼吸加快、走路摇摇晃晃，甚至昏倒、无法动弹，或伴随口吐白沫、痉挛抽筋、无意识地腹泻，陷入休克时就要立刻将狗狗带到阴凉处降温，用水或湿凉毛巾放在它的身上，并尽快送去兽医院。带狗狗出门请避开中午 12~14 点，这是一天当中温度最高的时候，应选在傍晚凉爽的时分出门散步；也不要把狗狗长时间放在密闭、气温容易上升的地方，如汽车内及地下室。

我得了感冒，会传染给狗狗吗？

人患感冒一般是不会传染给狗狗的，因为病原体不一样。也就是说人类感冒的病毒和狗狗感冒的病毒是不同的，所以不会互相传染，但是有些病毒如果狗狗受感染，是有可能经由人类散播出去，例如犬小病毒感染症是经由狗狗的鼻子或口腔入侵，当狗狗接触到受感染的粪便、呕吐物、唾液等，又可经由人传播给其他狗狗。而犬小病毒容易寄生在幼犬体内，所以当家中有 6 个月内的狗宝宝时要特别小心预防。

犬小病毒感染症分两种症状，一种是心肌型，狗狗会突然哀叫、呕吐、呼吸困难，30 分钟内会死亡。另一种是肠炎型，狗狗会剧烈呕吐，数小时内严重腹泻，粪便是灰白或灰黄色，接着会拉出血便且带有恶臭味，而持续的严重腹泻则进一步导致脱水、全身衰竭。幼犬必须做好预防针接种工作及避免接触病犬，这是预防感染的最有效的方式，定期做好居家消毒清洁也会有很大的帮助。

狗狗体温本来就比人类高，要怎么知道狗狗发烧了？

狗狗的体温大约是 38.5℃，平常我们摸狗狗的身体都会觉得热热的，所以很难判断或察觉狗狗是否发烧了。不过任何动物不舒服一定会看起来没有精神，也吃不下饭，再摸摸看耳朵里面、手脚是否冰冷，如果跟平时摸到的温度不同，或是莫名发抖，就可以用温度计量一下狗狗的体温，如果超过 39.5℃ 就是发烧了。很多疾病都是先由发烧开始，突然的发烧有可能是呼吸道感染、泌尿系统感染，也有可能是任何外伤引起的伤口发炎等。家里可准备温度计，便可知道狗狗是不是发烧了。

狗狗流鼻涕是感冒了吗？

人在感冒时最常发生的第一个症状就是流鼻涕，狗狗如果流鼻涕也是感冒了吗？首先，先注意最近是否有寒流或是气温骤降，如果是因为天气变化，可以帮狗狗加件衣服、毛毯，但是流鼻水也有可能是因为其他疾病引起的。

感冒的主要症状是精神不济、没有食欲、流眼泪及咳嗽等。鼻涕若是脓液状，且呼吸急促、体温升高，如不及时治疗则有可能并发气管炎、支气管炎等其他疾病；鼻涕如是透明色的，先检查鼻头是否干燥、发热，因为健康的狗狗除了睡觉的时候，鼻头都应该是湿润的，感冒中的狗狗鼻头反而是干燥的；但是鼻涕如是黄绿色的，可能就不是只是感冒这么简单了，需要给医生做详细的检查，犬瘟热、鼻子肿瘤、牙周病、结膜炎等，都有可能引起狗狗流黄绿色鼻水。

受到细菌或病毒感染时，狗狗一开

始会流像水一样的鼻水，如果当时狗狗的抵抗力不佳，或没有及时治疗的话就可能恶化，表现为鼻水变得黏稠，且转变成鼻炎，而病原还会继续扩散到整个鼻腔发展成鼻窦炎，若放任不治疗则继续往下扩散到支气管，引起支气管炎，且开始剧烈咳嗽，因此必须多加注意。

巴又很快就吐出来，若有异物卡在喉咙或吞到肚子里，也会使狗狗无法吞咽，导致把食物吃进去后又吐出来。如果到了吃饭时间，把食物放在平常狗狗吃饭的地方，狗狗闻一下就走开不吃，就要进一步观察是不是生病了。

平常很贪吃的狗狗突然没有食欲吃不下饭，是不是生病了？

先检查狗狗的嘴巴是否被东西刺伤，或是嘴巴里有没有伤口？牙龈是否红肿？口腔内有伤口或疾病，狗狗会因为疼痛或不舒服而无法进食。再来观察狗狗是完全不吃，还是吃进嘴

专家建议 **自行检查小方法**

- 有没有发烧？小型狗的正常体温是 38.6~39.2℃；大型狗的正常体温是 37.5~38.6℃，测量超过 39.5℃就是发烧了。
- 观察尿液的颜色和尿液的量，如果尿液的颜色改变，不论是变深或是变淡，或者是尿液的味道改变，甚至是尿量一下变得很多或很少都有可能是身体出了问题。
- 摸摸狗狗的全身，检查有没有外伤或肿胀的地方。
- 便便是否正常？有没有腹泻或血便的症状？

以上 4 项检查有任意 1 项异常的话，就应赶快带狗狗去兽医院做仔细的健康检查。

我家狗狗睡觉时的鼾声特别大，这是正常的吗？

一般来说狗狗睡觉打呼噜是正常的，但是如果鼾声过大就要注意它是否有软颚过长或喉头的问题，有时候呼吸困难也会发出很重的呼吸声，我们容易误以为那是鼾声。狗狗的气管是圆筒状，外侧有U字形的软骨保护着，当气管受到压迫，或是气管本身无论是先天发育不良或是老年退化，而造成咳嗽或呼吸困难时，就是所谓的气管塌陷。

气管塌陷好发在某些品种狗身上，例如吉娃娃、贵宾狗、巴哥犬、西施犬、斗牛犬、博美、马尔济斯等小型犬，且一般认为与遗传、肥胖有关。如果家中有这些品种的狗狗，可以在运动过后观察它们是否会咳嗽或有喘不过气的样子。发病的症状是舌头跟牙龈因为氧气不足而变成紫色，长期下来会危及狗狗的生命，所以应及早带狗狗去医院做检查，如果经诊断确定有气管塌陷问题，必须和兽医师做详细讨论，以避免症状快速恶化。

专家建议　预防呼吸系统疾病居家护理

· 调整出风口到最适宜的位置：冷空气往下降，而狗狗又都是在地面活动，如果出风口直朝地面狗狗会觉得冷。

· 保持凉爽通风、空气清新：夏季是疾病好发的季节，建议家中随时保持凉爽通风；或使用空气清化机，减少空气中的灰尘、尘螨，避免诱发疾病。

· 避免尘埃悬浮：在打扫时，灰尘会悬浮在空中，此时最好打开窗户保持室内通风。

· 保持良好的空气温度及湿度：过于干燥或潮湿的空气都对呼吸系统不佳的狗狗都不好，太干燥就多放几盆水在室内；湿度过高可以使用除湿机。

我家有个小胖子，越吃越胖，
该怎么帮助它减肥？

我们天天跟自家狗狗相处，很难察觉它们的体重是否超标了！要从身体线条观察看看你家狗狗是否过胖。

身体线条	说明
理想的线条	腰围紧缩，肉眼看不出肋骨或脊椎，但由上往下沿着脊椎两侧摸下去，感觉能隔着肌肉摸到骨头，且肌肉紧致有弹性
略胖的线条	肉眼看上去全身都是肉，比较难摸到肋骨，看不到腰部或下腹部的线条，下半身都可以看到赘肉
肥胖的线条	从颈部、胸部、腰部、下腹部，一直到尾巴底部都是赘肉，整个身体像气球一样的中广身材

狗狗做完结扎手术后容易变胖，因为此时新陈代谢变慢，加上体内激素改变，若是不做好热量管理，很容易一下就胖得跟气球一样。当你在吃东西的时候，狗狗在旁边用期待的眼神看着你，你的心一下子就融化了吧？然后我吃一口你吃一口，大家吃得很开心，不知不觉中自己变成溺爱毛小孩的家长了！切记千万不要因为太过宠爱而无限量地供给零食，给零食的原因应该是"奖赏"，狗狗做对了事或是表现优良，才奖赏一两块小饼干作为鼓励，而不是你吃它就跟着吃，

日积月累下来，你没有变胖反而是胖了狗狗。有些狗狗的食量像是无底洞，每次放饭时狼吞虎咽地把饭吃完，主人便误以为给的分量不够，于是又再添一碗，结果狗狗经常吃过头而变胖。

其实肥胖会对心脏造成负担，也会连带影响换气效率，某些有先天性关节骨骼缺陷的品种狗若过度肥胖，会造成它们日常生活上的不便，例如跳不高、关节退化等，所以为了狗狗的健康着想，一定要做好体重控制。

减肥方式	说明
降低热量，不减少分量	人的减肥方法是"吃少一点"，但是狗狗不行喔！人可以用意志力控制食欲，当有饥饿感的时候大脑可以说："我不吃！"但是狗狗饿了就是饿了，不给它东西吃反而会因为营养摄取不足，而造成营养不良。所以可以不减少食物的分量，但是改变食物的种类，加入多一点的富含纤维的食材，例如：麦片、地瓜等，热量不高但饱足感十足，这样狗狗也不容易感到饥饿
固定运动，消耗热量	以前可能每次做10~15分钟的运动，现在可以渐进式地增加运动的时间，每次多增加5分钟；或增加运动的次数，跑步10分钟、休息5分钟，每次做三回合。切勿操之过急，要是狗狗累得跑不动，就表示狗狗的运动量已到了极限，不要太过勉强，保持这个习惯，持之以恒即可
定时定量，每天量体重	很多过胖的狗狗是因为家长喂食的习惯是"放长粮"，出门就放满满一碗的食物，让狗狗享受随时吃到饱的感觉！改变喂食习惯是减重计划里最重要的一环，做到固定喂食，家长也能精准计算并且控制每日狗狗应该摄取的热量。量体重也可以有效管控狗狗的身体变化

狗狗怀孕了，我们能为它做些什么呢？

首先我们要特别注意狗妈妈的饮食，怀孕期要大量补充营养，因为狗妈妈吃什么，肚中的狗宝宝可是也跟着吃啊！所以这时候要特别添加各种维生素，狗宝宝生下来才会身体壮壮，且吃得营养也会帮助狗妈妈顺利生产，生产完后乳汁里才有丰富的营养提供给狗宝宝。建议此时换吃幼犬饲料，因为幼犬饲料比成犬饲料的营养高；鲜食可多煮一些高蛋白、高钙、维生素丰富的食物，如鸡肉、高丽菜、鸡蛋等。但是也不要过度给狗狗进补，以免肚子里的狗宝宝长太大，狗妈妈生产困难喔！

狗狗的怀孕期大约是 2 个月。没错！就是这么短的时间就可以生出狗宝宝。你可以选择带它到宠物医院分娩或是在家生产，如果决定在自家生产，预产期的前 2 周，就要开始准备一个"产房兼育婴房"。如果可以让狗妈妈单独处在一个房间，那么这段时间最好不要有人进进出出这个房间，并帮它准备一个干净的大纸箱或是笼子，先铺上一层毛巾或毯子，让狗妈妈跟狗宝宝有个温暖舒适的环境。因为分娩过程羊水会破，狗宝宝身上也会有羊水、胎盘等污物，所以在毯子上先铺上一层宠物用纸尿布以防弄脏环境。

专家建议 *如果是在自家分娩，我们要如何分辨狗妈妈是否难产而需要立刻送医院*

· 狗妈妈的体型太小，但是狗宝宝可能长得过大；或是狗妈妈的骨盆较为狭窄，可能有较高的难产概率，需提高警觉。

· 如果怀孕超过 70 天都还没生，请尽快带去医院检查。

· 强烈阵痛超过半小时，或者羊水已破超过 15 分钟，仍然没有看到任何小狗产出。

· 狗宝宝出现在产道超过 5 分钟，卡在产道一直出不来。

· 分娩超过 2 个小时，狗妈妈看起来已没有力气。

· 羊水应该是透明液体，如果流出来的液体带有红色、黄色、咖啡色等怪异颜色，有可能子宫或脏器出了问题。

有些疾病是会严重影响狗狗健康的，不可不知道

　　狗狗跟人所患的疾病不一样，如果没有大概地了解，很难知道疾病的严重程度，更不懂该怎么预防及照顾。另外，人可能会得癌症，而狗狗也同样可能会罹患肿瘤，因此应随时注意爱狗的状况，及早发现，及早治疗。

我家来了小小狗，何时该带它去注射疫苗？
注射疫苗前后需要注意什么？

年龄	疫苗种类	备注
至少3周大	体内外驱虫	
6~8周	幼犬基础疫苗	
10~12周	多合一疫苗	多合一疫苗包含预防犬瘟热、犬小病毒出血性肠炎、犬传染性肝炎、犬传染性支气管炎、犬副流行性感冒、犬出血型钩端螺旋体病、犬黄疸型钩端螺旋体病等
14~16周	多合一疫苗及狂犬病疫苗	狂犬病疫苗须等其他疫苗都注射完后注射第一次，以后每年注射1次，疫苗时效为1年

注射疫苗前请先注意狗狗的身体状况，是否有呕吐、下痢、发烧、打喷嚏、流鼻水或是精神食欲变差等情况，如果有患病、寄生虫感染或营养失调均不宜施打，必须等疾病治疗完全之后，才能进行疫苗注射。疫苗注射 2~3 周才会产生保护力，所以在这段时间内先不要让狗狗洗澡，也不要换饲料、出远门、剧烈运动等，以避免狗狗的抵抗力下降。

母狗容易得的疾病是什么？可以预防吗？

根据研究显示，没有结扎的母狗容易因为细菌感染及内分泌不正常，而发生子宫蓄脓症。对母狗来说，子宫蓄脓是很危险的。在正常的情况下，子宫颈是关闭的，在发情期子宫颈会张开，狗狗坐在地上时细菌容易通过阴道进入。子宫蓄脓分为 2 型，一为开放型，最明显的病征是狗狗阴部会排出黄样脓汁；另一种为封闭型，症状是腹部会渐渐变大。封闭型的危险性很高，由于不易察觉，主人发现的时候情况通常已经很严重了，细菌还会影响心脏的运作，肾脏也会因为细菌感染而并发尿毒症。

要防止子宫蓄脓症最好的方式是让狗狗尽早结扎，子宫蓄脓没有特别好发的犬种，如果你的狗狗是女生，而且没有生育的计划，最好尽早结扎，这样可以避免许多致命性的疾病。

公狗容易得的疾病是什么？可以预防吗？

随着狗狗年纪增长，前列腺肥大的问题会渐渐产生。初期无症状，但前列腺肥大后会压迫肠子、膀胱和尿道，引起各种症状，例如压迫到肠子，肠子无法蠕动而便秘；压迫到膀胱，而排尿困难或频尿。而最好的预防方式是在狗狗身体状态健康时进行结扎，一劳永逸。

听说传染病很可怕，来势汹汹，一旦感染致死率很高，该怎么预防呢？

种类	感染途径	症状	预防方式及说明
犬瘟热	感染途径有3种，最直接的是飞沫传染；再来是间接感染，使用已感染犬瘟热的狗狗使用过的餐具、玩具、笼子等用品；最后是直接感染，直接接触到已受感染的狗狗的嘴巴、鼻子	初期是发烧、食欲不振、嗜睡等类似感冒的症状，从感染到发病之间的时间间隔为14~18天，但感染后3~6天可能会出现发烧，持续2天左右。之后看似有好转，可以进食，体温恢复正常，接着又再次体温升高，病情进一步恶化，各类细菌继发感染导致更为严重，畏寒颤抖。精神时好时坏，鼻眼分泌物增多，转为脓性，气管炎、肺炎症状多有发生，出现精神萎靡、肌疼无力、痉挛、平衡失调、圆圈运动、癫痫、昏迷等症状	犬瘟热的传染性很强，死亡率高，唯一预防的方法就是每年注射预防针。居家保持清洁，最好每周消毒1次，包括地板、家具、狗狗的食器、笼子、玩具，也避免与陌生狗狗有接触。如果家里同时有养好几只狗，其中1只感染犬瘟热，一定要将它隔离以免传染给其他狗狗，感染过犬瘟热的狗狗使用过的所有物品都要丢弃
犬小病毒肠炎	感染途径是接触到患病狗狗的粪便、呕吐物，或是残留唾液的餐具。犬小病毒对幼犬的侵害尤其严重	潜伏期只有4~5天，接着就会出现严重拉肚子、呕吐、发烧的症状，6~24小时内开始拉出血便	犬小病毒会攻击狗狗的心脏及肠子：心肌型感染，通常狗狗前一刻还精神奕奕，却突然发出哀嚎，呼吸困难，呕吐，30分钟内就可能死亡；肠炎型感染，先是呕吐接着严重腹泻、血痢，持续腹泻造成脱水，严重也会致命。注射预防针是最好的预防方式

续表

种类	感染途径	症状	预防方式及说明
犬传染性肝炎	接触到受感染狗狗的尿液、唾液、使用过的餐具，病毒会从口腔进入狗狗的淋巴结，随着血液运送到全身。该病毒的散播力很强	受感染的狗狗突然出现严重腹痛和体温明显升高。急性病例可能于20~36小时内死亡，感染7~10天会因眼角膜水肿导致眼睛变成蓝色，因而又称"蓝眼症"	这个病毒的活性很强，即使狗狗在复原期也会在其尿中找到，大约半年后才会完全排除。注射预防针是最好的预防方式
钩端螺旋体病	是一种人畜共通的病毒，老鼠尿中的钩端螺旋体病菌是最大的感染源，所以如果舔到受感染动物的尿液，或是受污染的水就会导致感染	受感染的狗狗会出现出血性黄疸、皮肤坏死、水肿、呕吐、体温升高、精神沉郁、后躯肌肉僵硬和疼痛、不愿起立走动、呼吸困难等症状	钩端螺旋体病的潜伏期5~15天，发病后2天内所有器官开始衰竭，体温下降而死亡。可以注射预防针来预防

狗狗常见的肿瘤有哪些？

淋巴瘤

通常主人会在狗狗的颈、肩膀前方、膝盖后方见到或摸到突起的硬块；有时肿瘤也会长在身体的胸腔或腹部的淋巴结中。如果是长在脏器，狗狗会因为胸腔中形成积液，而导致呼吸困难，或挤压到消化系统，导致腹泻、呕吐等情况。

其实任何年龄的狗狗都可能得淋巴瘤，且淋巴瘤是狗狗罹患癌症中最常见其中一种。平均发生年龄是在6~9岁，公狗和母狗的罹患概率相当。虽然淋巴瘤无法治愈，但及早治疗还是能延长狗狗的寿命，40%~45%的狗狗接受治疗后可以再多活1年的时间，不到20%的狗狗可以多活2年。多抚摸家里的狗宝贝，跟它们多互动，是早期发现淋巴瘤的最佳方式。

肥大细胞瘤

是狗狗最常见的皮肤肿瘤，可以发生在任何年龄的犬只中，多发生在8~10岁的老年犬身上，斗牛犬、拉不拉多、黄金猎犬、雪纳瑞、沙皮犬等都是好发品种。患部可在体表或体内的任何部位，特别是后上大腿、

腹部和胸部多发。肿瘤在体表上发现时为单纯的一个肿瘤，但可能在身体其他部位都有肿瘤同时发生，约有50%的肥大细胞瘤会发生在身体的躯干和会阴周围；40%会发生在四肢和脚掌；仅有10%出现在头部及颈部区域。

肿瘤周围的淋巴结可能会肿大，且肿块会瘙痒或出现严重的发炎，这主要是因为肿瘤细胞分泌大量组胺所导致。若出现肝脏及脾脏肿大，可能是肥大细胞瘤已经广泛分布。呕吐、食欲不振或腹泻等症状的伴随发生，取决于该肿瘤发生的阶段。在皮肤或是皮下的肥大细胞瘤，可能已经存在数天至数月，原本不太有变化，却突然开始快速地出现变化，如肿块突然变红，或有明显液体的蓄积。该肿瘤的外观形态多变，可能看起来像是其他良性肿瘤，甚至看起来像是虫咬、疣，或像是过敏所发生的肿块。通常会迅速变大，而外科手术、化学治疗是此症的治疗方式。

乳腺肿瘤

乳腺肿瘤常发生在没有结扎、5~10岁的母狗身上，如果在1岁前就结扎，之后该病的发生率就非常低。正常来说，狗有5对乳房，最常发生肿瘤的乳房是最靠近后侧的2对。如果是良性肿瘤，质感比较软，生长速度比较缓慢；恶性肿瘤生长速度快，大到一个程度后会开始溃烂流血。良性的小型肿瘤，如果没有及时处理，也可能突然变成恶性。

肿瘤的外型有小粒结节状，也有大颗粒状，肿瘤的外表看起来像是个坚硬的圆形物体，有时候是多个肿胀结合在一起。因为是由乳腺所产生，所以通常可以很容易摸到，手感有点硬。发现肿瘤后以手术的方式切除是治疗首选，不论狗狗的年纪多大，切除肿瘤都可以增加存活概率，且超过50%以上的病例都可以完全切除肿瘤。肿瘤切除通常建议依据淋巴流向将附近的乳房一并切除，可以减少肿瘤转移的概率；同时做结扎手术，将子宫、卵巢摘除，这样也可同时降低该病再发生概率。这种疾病重在预防与早期发现，以及后续的妥善治疗，治愈率其实很高。

骨肉瘤

这是一种骨细胞的恶性肿瘤，而且经常会发生在中大型犬身上，任何年纪都有机会发生，以德国牧羊犬发生的概率最高。大部分的骨肉瘤发生在四肢的长骨上，致病原因有可能是受伤、炎症、慢性疾病，还有一些病毒、化学物质，都会使动物的骨骼发生肿瘤。

最常见的症状是跛脚。且肿瘤长在骨头末端，刚开始表面是冰冰凉凉的感觉，等它肿大后体积也变大，就会感觉到热感，按压肿瘤的地方会疼痛，肌肉会慢慢萎缩，还会导致骨折。最担心是长在脊椎上，则会压迫到神经导致瘫痪。一旦确诊是骨肉瘤要及早切除患部以免扩散转移。

血管肉瘤

这是由血管内皮细胞所发生的恶性肿瘤。通常好发于中高龄的狗狗身上，特别常会发生在狗狗的脾脏、心脏、肝脏和皮肤，所以当肿瘤破裂的时候，会引起大量出血，是一种相当危险的肿瘤。较常发生在中大型犬种身上，以黄金猎犬和德国牧羊犬的发生率最高。狗狗通常不会有什么明显的征兆，当狗狗出现不适的时候，常是因为肿瘤破裂引起出血所致。很少狗狗能在症状出来之前，就被诊断出有血管肉瘤。狗狗的症状会依据肿瘤所在位置而有不同，最常见的包括有皮下出现肿块、出血（例如流鼻血）、虚弱、癫痫发作、黏膜苍白、呼吸困难、腹部膨大、虚脱等。

以上是狗狗常见的肿瘤种类。由于老犬罹患肿瘤的概率很高，万一狗宝贝不幸罹患肿瘤，家长需要做一些决定。是否要开刀治疗，建议与医师做详细讨论；经济状况是否能负担，及手术后的衍生费用，也要先了解清楚后一并纳入评估。面对狗狗得到癌症的冲击，一下子一定难以面对，但越是如此越是要打起精神来理智地做效益评估，了解开刀是否可以一劳永逸，如无法根除，那要请教医师在生命的延续上是否与其他手段有很大的差别，如果开刀可能只能多活 6 个月，或是成功率不到 10%，那是否要让狗狗在生命的最后时分，在身体及精神上承受开刀及术后疗养的疼痛，也要将狗狗当时的年纪及身体状况纳入考量，例如是否有心脏病而无法承担麻醉的风险等。

老年安养篇

我的毛小孩变成老毛孩了，该怎么照顾它

狗狗的平均寿命比人还要短，爱狗狗的你一定会面临和它的生离死别，如果不是因为疾病而走的狗狗，最后也会有终老的时刻。狗狗老了之后，身体功能不如以往的好，像人一样，更需要仔细的照顾，该如何让狗狗在老的时候活得开心、健康，是家长们都必须学好的一门课。

我的狗狗 8 岁了算是老犬吗？老犬会有哪些老化的迹象？

狗的寿命比人类短，成熟老化也比较快，通常满 1 岁就已经属于成年年龄，约是人的 17 岁。以下是狗狗年龄与人年纪换算对照表，不同品种、体型的狗，老化速度也会不同。

狗与人类年龄换算						
狗	1 个月	2 个月	3 个月	6 个月	9 个月	1 岁	2 岁
人	1 岁	3 岁	5 岁	9 岁	13 岁	17 岁	23 岁
狗	3 岁	4 岁	5 岁	6 岁	7 岁	8 岁	9 岁
人	28 岁	32 岁	36 岁	40 岁	44 岁	48 岁	52 岁
狗	10 岁	11 岁	12 岁	13 岁	14 岁	15 岁	16 岁
人	56 岁	60 岁	64 岁	68 岁	72 岁	76 岁	80 岁

狗狗开始老化的年龄不同，小型犬和中型犬在 7~8 岁，而大型犬则从 5~6 岁开始。其实年龄只是参考值，我们应该从观察狗狗是否有老化的迹象来评估。最明显的老化现象就是视力逐渐衰退，以前反应灵敏，现在可能容易撞到家具，或抓不到会动的玩具；肠胃功能逐渐退化，吸收能力差，吃饭的分量比以前少；牙齿也退化，所以食物不易咬碎，可能会剩下碎掉的饲料；由于营养无法到达皮肤，毛色变黯淡无光泽、胡须变白；越来越不喜欢动，趴着或睡觉的时间变长；可能会漏尿或忍不住随地大小便；关节退化而无法频繁爬上爬下，可以跳跃的高度可能不到年轻时的一半等情形。

狗狗开始老化，身体功能退化，直接影响到的是生活上会有许多的不便利，为了让老犬也有良好的生活品质，我们必须主动帮它们做一些环境上的改变。

专家建议

- 用温水将饲料泡软，如果牙齿已退化，可将食物打成泥后让狗狗用舌头舔食。
- 散步的时候放慢脚步，运动量或运动时间减少。
- 随时注意温度变化，天冷加毛毯，天热开冷气。
- 不要勉强带狗狗出远门。
- 在床边或楼梯边加斜梯，减少高低落差，以便老狗上下。
- 狗狗老年以后最好半年进行 1 次全身健康检查，观察体内器官是否有退化的情况发生，如果血液检查发现有器官退化的现象，即可早日进行食疗控制；必要的话，进行药物治疗。若有发现肿瘤发生也可以即早处理，避免延误。
- 按时服用预防心丝虫的药，点驱虫滴剂或服用驱虫药剂，老狗也是与成年狗一样，每年只需做 1 次预防针补强即可。按照预防手册所建议的时间，只要食欲、排便皆正常，即可检查是否可以进行预防针注射。
- 多陪它说话，勿改变生活环境，如搬家或移动它的窝。
- 运动量减少，脚爪也跟着变长，为了不让它行动不便，请定期为它修剪脚趾甲。

癌症是老年狗十大死因之冠。了解它，面对它就不可怕！

　　狗狗迈入老年期后，虽然为它们营造一个舒适的生活环境很重要，但是也要了解狗狗也会渴望可以从事以前爱做的活动，身上虽有疼痛，还是会想跟主人外出散步和玩耍，老犬的心灵跟身体都需要家长多点关心、耐心及照顾。狗狗年纪越大，抵抗力越差，有一些疾病容易发生在老年狗身上，就算不能阻止疾病发生，至少先做好预防工作，及早发现，也能避免病情瞬间恶化。

　　肿瘤在近几年位居台湾狗狗十大死因之冠，肿瘤发生的原因目前还无法确定，只能从一些因素去推测，例如基因、激素、压力、病毒、废气、二手烟污染、放射线、化学污染、老化。如果是良性的肿瘤，通常是局部性，手术可切除；恶性肿瘤生长或扩散的速度非常快，侵犯性强，容易经由血液或淋巴转移到其他器官，若不及早治疗，常会造成严重问题导致死亡。因此，必须由兽医生经过病理检查诊断是良性或是恶性肿瘤。我们可以做的预防工作是观察，常常抱一下狗狗，通过触摸身体来检查是否有不正常的肿胀或持续变大的肿块，是否出现不易愈合的伤口，体重急速减轻，突然食欲减退，身体有不明开口且有分泌物出现，或是有出血、异常的恶臭气味，呼吸、排

I ♥ My Dog

尿、排便困难等。

狗宝贝走到生命中最后一里路，我能为它做什么？

当狗宝贝走到生命的尽头，大部分的家长可能会感伤"当初我不该让它开刀"或"当初如果我早点发现……"，其实你已陪伴它的一生，也与它度过许多美好且亲密的时光，你绝对是最了解它的人，你为它做的任何决定都是出于为它好，相信狗宝贝会感受且明白你的心意，只要尽力为它的生命延续努力过，就不必后悔。

当生命只剩最后一里路，居家安宁的照顾对家长、对狗宝贝都是最后最好的选择，而安宁照顾并不是残忍地要家长在旁边看着心爱的狗宝贝死亡，而是提供给它生命最后阶段最好的生活环境。这时候，家中的环境应干净，保持适当的温湿度，因为狗狗可能已经无力走到平日大小便的地方，可以在它躺的地方铺上尿布，万一失禁的话，这时候不用急着立刻清洁干净，先摸摸它的头微笑地跟它说没关系；有呕吐物的时候也是一样，让它知道你不会生气，狗狗的心情也会比较轻松。在最后的日子，它喜欢吃什么就给它吃什么，只要吃得下都是好的，同时也要补充水分，多放一些水盆在靠近它的地方。在最后的终点站时，家长可以将狗宝贝拥入怀中，与它一起回忆在它这一生与你共度的开心时光，等待它离去后，有时身上会残留一些污秽物，请帮狗宝贝擦拭，让它干干净净地离开。

失去心爱宠物的难过只有自己知道，不需要闷在心里，可以尽情地难过、哭泣，将情绪宣泄是释放悲痛最好的方式。向亲人好友哭诉一点也不丢脸，或许身边很多人都有同样的经历，更能感同身受你的悲伤，当你一边诉说你的心情时，其实也是同时在整理自己的情绪，多说几次甚至向不同对象诉说都是好的，悲伤借由一次又一次地宣泄，也会渐渐地减少。不用强迫自己在短时间内平抚，自己需要多少时间由自己决定，依照自己的步调回到原本的生活就行。

有些人迟迟无法接受狗宝贝已经离开的事实，也无法整理狗宝贝身前使用的碗、窝、衣服、玩具等，其实要知道整理遗物不是告别，它不只是曾经，也会永远地存在你的心中，整理遗物是帮助你前往下一个阶段。订一个属于你跟它的纪念日，每年到了纪念日带着你们的回忆，到它的墓园与它再次共度美好的一天。

附录

毛爸毛妈注意！
毛小孩的大克星

→

狗狗不能吃的食物

　　不论你是新手爸妈还是养狗经验丰富的家长，最重要的一点就是要充分了解狗狗的饮食习惯，要清楚知道狗狗哪些东西能吃、哪些东西不能吃，或是可食用但不可过量。对我们人类有益的食物，却不一定适合狗狗食用，以下禁食清单每个养狗的人都应该有 1 份。

- 巧克力 - 狗狗不能吃巧克力是因为里面含有一种称为可可碱的成分，这对狗狗可说是种毒药，它会使输送至脑部的血液流量减少，可能会造成心脏病，严重时可致命。如果狗狗误吃了巧克力会严重地流口水、频尿、瞳孔扩张、心跳快速、呕吐及腹泻、极度亢奋、肌肉颤抖、昏迷等。

- 洋葱 - 生或熟的洋葱都含有一种有毒成分——正丙基二硫化物，会造成狗狗的红细胞氧化，引发溶血性贫血，影响血液里的输氧量。由于无法提供身体所需足够的氧气量，而出现中毒症状，如血尿、体重减轻、疲倦、经常气喘、脉搏急速、虚弱、牙龈及嘴巴出现薄膜状的分泌物等。

- 肝脏 - 动物的肝脏含有高单位的维生素 A，摄取过量的维生素 A，可能会引起维生素 A 中毒。且维生素 A 摄取过量会抑制维生素 D 吸收，并导致钙流失，而凝血又需要钙的参与，长期吃鸡肝会造成凝血功能障碍。肝脏也是排毒、代谢的器官，本身就会积累一些毒素，现在的鸡饲料中总有很多的化学添加剂，而鸡肝则是鸡体内最容易有添加剂的残留物的器官。

– 骨头 – 不要喂食会碎裂的骨头，骨头碎片可能会刺入狗的喉咙，或割伤狗的嘴巴、食管、肠胃，导致发生窒息或气喘，继而昏迷没有意识，瞳孔扩大。虽然骨髓富含极佳的钙、磷、铜等矿物质，但是如果要给狗狗吃骨头，一定要煮到烂才能喂食。

– 生鸡蛋 – 生蛋白中含有的一种蛋白质会消耗掉狗体内的维生素H，维生素 H 是狗狗生长及促进毛皮健康不可或缺的营养素，缺乏维生素H会导致掉毛、生长迟缓、畸形。生鸡蛋也容易含有病菌，喂食生鸡蛋反而相当于误喂了毒素给狗。煮熟的蛋则不需要担心，熟鸡蛋反而含有高蛋白及其他的营养成分。

– 生肉 – 虽然狗狗的祖先是野外打猎的勇士，但是现代人将狗狗养在室内，狗狗的肠胃及身体的适应力已经调整成家犬的状态。生肉容易被沙门菌及芽孢杆菌污染，若沙门菌中毒会致食欲极差、高热、腹泻、脱水、没有精神，芽孢杆菌中毒则会致呕吐、下痢、血便、休克麻痹。

– 牛奶 – 若有些狗狗有乳糖不耐症，喝了牛奶后会出现放屁、腹泻、脱水等症状，家长们请评估自家毛小孩适不适合。

– 菇类 – 香菇富含大量纤维素，要注意狗狗消化能力够不够强，有些狗狗就不太能消化香菇的纤维，因此要注意不要吃太多，过量会让狗狗消化不良。

– 盐 – 按狗狗每千克体重摄取 5 千克的盐的比例就具有致命的危险性，它们的肾脏代谢功能绝对比不上人类，因此代谢掉盐的速度也慢，大量食入盐分恐会造成急性肾衰竭。

- 杨桃、猕猴桃 - 这两者都是钠、钾含量高的水果，狗狗吃多了会造成肾脏负担，每周只能吃1~2次。

- 樱桃 - 含有生物碱，会造成狗狗肾脏代谢的负担，吃下去可能会导致呼吸急促、休克、心跳加快等。

- 香蕉 - 有益于肠道蠕动，便秘或拉肚子的狗狗可以多吃，但是香蕉的钾含量非常高，狗狗如果有心脏病、肾脏病，不建议多吃。

- 牛油果 - 主要有毒部分是核和叶子，果肉部分因含有大量脂肪所以勿大量摄食，另外也要小心勿食入果核以免造成肠胃道阻塞。

- 葡萄／葡萄干 - 狗狗是可以吃水果的，尤其在狗狗有便秘或是食欲不好的时候，适量摄取水果中的膳食纤维有助于调节肠胃健康的，但是千万不可以吃葡萄。葡萄会引起急性肾衰竭，中毒后往往在6小时内出现症状，如精神沉郁、上吐下泻、食欲不振等。对于葡萄引发的狗急性肾衰竭的机制目前还不是很清楚，可能是对肾脏的某些结构造成损害。

- 生菠萝 - 没有熟透的菠萝含有生物碱及菠萝蛋白酶，会引起狗狗过敏反应。

- 酒精类饮料 - 酒精是该类饮料的主要成分，狗狗体积小，代谢速度不会比人快，甚至很慢，所以即使摄入了少量的酒精，也会引起中毒，导致步伐蹒跚、行为改变、紧张、情绪低落、尿量增加、呼吸率减慢等。

- 咖啡 - 无论是喝下咖啡或是吃下咖啡粉或咖啡豆，都会引起咖啡因中毒，症状与吃下巧克力中毒相似。

我的毛小孩们

D弟 乐妹

圣

多多

江宝威

皮蓬

I ♥ PET